柯佩岑、林婉婷、廖珮岐——著

玩出情緒超能力

0~6歲孩子的62個互動遊戲提案

爲上學做好準備，
建立孩子的安定、自信，好溝通！

作者序

給孩子最好的禮物，就是擁有穩定的情緒溝通力

柯佩岑　語言開發師

我是一個大眾交通通勤族，在路途中總是看到各種大小事件，其中也包含了許多父母和孩子之間的相處，於是興起了將這些事件記錄下來的念頭。我會想：「如果是我，會如何處理當下發生的狀況？」、「如果爸爸媽媽換一個方式處理，會有不同的結果嗎？」因緣際會下，與其他夥伴有了共同的目標。也因為有這樣的生活經驗和觀察，在大家有志一同的共識下，這本書，就這樣產生了。

在成書過程中，因為每位老師的專業不同，所以針對同一個狀況題，彼此有著多元的見解和想法。我們討論了各種不同的引導方式，利用各種不同的互動技巧，彼此探討，也彼此協調，碰撞出了各式各樣的火花！

這些火花，有愉快的，也有需要協調的；有美好的，也有需要共同努力的，酸甜苦辣，層次感豐富！也因為這樣的過程，作者、夥伴們彼此了解對方，也逐漸成

長，找到更多的默契所在。

如同這本書想要呈現的，親子相處與學習成長總有許多狀況題，需要大家一起面對共學、共玩、共成長。爸爸媽媽在陪伴孩子的成長路上，與孩子相處的過程中，一起體驗了各種矛盾與喜悅，歡笑與淚水，這些感受和感動將會交織出屬於自己的人生畫冊與美好篇章。在這些人生畫冊中，有家人朋友的加入，也有同儕團體的出現，甚至也會有陌生人的存在，種種的一切，既真實又豐富有趣！

最後，期待藉由這本書，讓孩子們在長大成人後，有時間回顧並翻閱人生畫冊時，身為爸爸媽媽的我們能和孩子相視微笑，有默契的點點頭並且說聲：「很幸運這一切有你。」

作者序

處理孩子的「狀況題」也可以充滿創意

林婉婷　藝術治療師／臨床心理師

現代爸媽真的很努力，除了努力工作賺錢之外，更想要提供孩子豐富的成長與學習，對於孩子在過程中所經歷的一切喜怒哀樂，更是積極地想要參與陪伴，你們手中捧著這本書就是最好的證明。

雖然我有著藝術治療師和臨床心理師兩個專業身分在身上，也與許多孩子和他們的家庭工作了許多年，但在成為母親之後，我的世界也是被大大翻轉了一番，許多你們在書中看到的「狀況題」，除了是從不同家庭蒐集來的案例之外，更是我親身體會過的血淚史，而專家的話和延伸遊戲則是我們集合所學和臨床經驗所彙整出來的精華。

對同時身為治療師或是媽媽的我來說，與學齡前的孩子互動都是同樣的迷人且充滿挑戰，很多時候，難免會落入我們小時候從父母或老師身上所學習到的應對方式（但你記得自己小時候喜歡被這樣對待嗎？），也會想要用我們在處理工作時的那種快狠準、充滿效率地結束這回合。記得一個三歲半小孩的爸爸曾經問我：「為什麼我的小孩就是不能時間到了主動去刷牙睡覺呢？至少我叫他去刷牙，他就應該要去了啊！」這真的是許多父母，包含我自己的心聲之一啊，但醒醒吧，想想你自己什麼時候不用老婆／老公提醒就會主動去洗碗？

書中的活動，都是我會帶著個案或者孩子玩的遊戲，目的當然也就依情況而異，有些活動爸媽做起來或許會覺得材料和步驟有一點點繁瑣，但其實可以保留相當大的彈性。會設計這些活動，主要是因為對學齡前的孩子來說，學習可以是有趣而且充滿各種五感刺激的，另一方面也是希望讓爸媽們發現，處理孩子的「狀況題」可以是充滿創意的。透過與孩子一同遊戲，除了可以增進親子關係之外，也能夠一窺孩子的內心世界，希望能夠透過這樣的一本書，陪伴爸媽與孩子共同啟發屬於你們自己的創意親子世界。

作者序

從「玩」中學習，是很好的選擇

廖珮岐　音樂治療師

在接到要寫這本書的消息之前，完全沒想過會有這本書的出現，接下來，原本以為會順利飛快的寫完，卻發現我經常看著一大半的文字發呆。一本看起來好像只是工具的書籍，卻是集合了三位作者心血的作品。希望讀到這本書的朋友們，可以從書中得到一點想法，這不是一本絕對要跟著做的說明書，而是一本把很多有趣的點子推薦給各位爸爸媽媽的小小引子。

身為一位音樂治療師，工作時常為了做活動而想破頭，還有沒有更有趣或更多不一樣的東西呢？還想讓孩子們再體驗一些什麼呢？既然連我都會有這種困擾，相信長時間陪伴孩子的家長們一定比我更有感觸吧！當然，家裡不像在教室，沒有這麼多有趣好玩的樂器，但我們也不一定要買這麼多樂器，畢竟孩子長大以後，這些樂器也不知道要何去何從。既然如此，就盡可能地善用家中能夠使用的資源吧！

在資訊量爆炸的時代，現代的父母也像海綿一樣，不斷吸取知識及經驗，大部分的家長也都很願意花時間及精力在孩子們身上。教養書及教養文章琳瑯滿目，一本接著一本閱讀，而這本書我不想將它定位在教養書，我比較期望它是一本讓孩子跟家長能夠一起慢慢體驗及成長的讀物，在與孩子進行活動時，與孩子好好同在，讓自己能在與孩子共處的空間中，細細品嚐每一個部分。

不管孩子有沒有照著自己心裡想的方向去，期待父母能夠多給孩子一點空間跟時間，讓我們好好陪伴他們，讓孩子用自己的方式成長。但作為父母，有時候還是需要從旁協助孩子一把，此時從「玩」中學習，或許就會是一個很好的選擇。

在這一路的旅程中，除了專注在孩子身上，也不要忘了好好關照一下自己，新時代的父母相當不容易，除了要克服各種困境，還要努力把關來自於這個社會各種不同的聲音及建議。讓我們一起透過跟孩子遊戲，找到跟孩子獨特的相處之道，試著把自己跟孩子的狀態調整到一個可以被接受的範圍，再一起展開這段奇幻旅程吧！

Contents

目錄

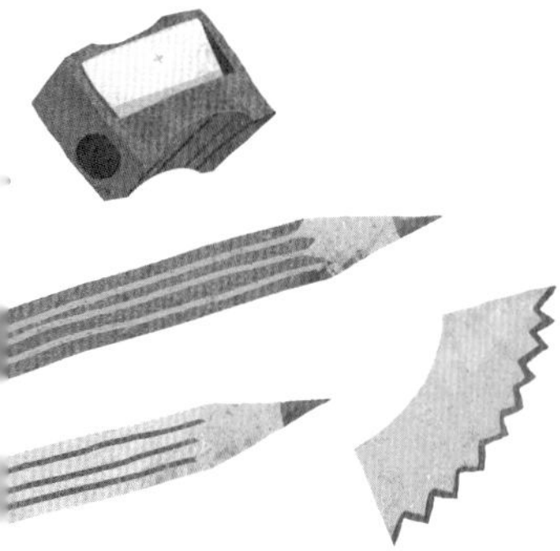

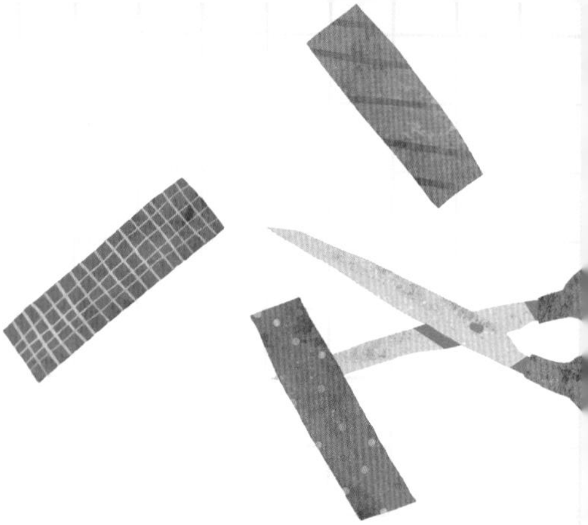

前言

寫在遊戲開始之前

Q1：如何使用本書？

A：長時間陪伴孩子的家長們一定都了解，當孩子面對不同情境時，總有不同的狀況發生，也總有不同的反應產生，情緒收放自如，令人又氣又好笑，簡直是天生的演員！

本書針對三大情境，包含家庭、學校與公共場合，整理出多個家長最常遇到的挑戰與孩子常出現的狀況，並且針對這個情境，提出兒童發展過程中的階段意義（也就是兒童發展的里程碑），為家長們解說。

當我們了解孩子行為的背景因素之後，除了理解孩子當下的行為之外，接下來就是找到方法和他們互動與溝通。期待可以在貼近生活的情境下，利用有趣又豐富的家庭親子活動，逐漸培養與孩子的默契，一起學習，共同成長。

兒童的成長過程需要家長的協助與參與，更需要爸爸媽媽有邏輯的解讀行為和有技巧的進行引導，為孩子建立穩定的表達、互動、學習、觀察與情緒管理能力，面對人生課題時可以更加有自信，更加有智慧！

Q2：玩遊戲真的能幫助到孩子嗎？為什麼一定要玩遊戲才可以？

A：玩遊戲對孩子們的幫助是被證實的，包含在學術理論中，也都強調了在幼兒環境中通過遊戲學習的重要性，在慕尼（Mooney, 2013）的書中提到：教育應該以兒童為中心，必須是積極的和互動的，必須涉及兒童和人際社交世界。遊戲提供了所有這些必要的組成部分（Dewey,1938；Montessori,2008；Piaget,1962；1976；Vygotsky,1976）。孩子們能通過遊戲，以有效的方式輕鬆探索和學習。孩子們會藉由這些學習跟經驗來建立他們的知識，幫助孩子有效地理解內容。在準備好的環境中，孩子們將通過探索、發現、調查、思考和使用這些材料來學習。蒙特梭利認為，兒童可以通過感官體驗有效地學習，並可以通過互動學習機會培養生活技能。

心理學家皮亞傑，強調孩子們與環境之間互動創造學習的想法。通過遊戲，孩子們有機會為生活做好準備，並且在心理、生理、情感和社交方面得到充分發展。遊戲確實成為孩子們在所有不同領域學習的重要元素。孩子們需要沒有框架的玩遊戲，也

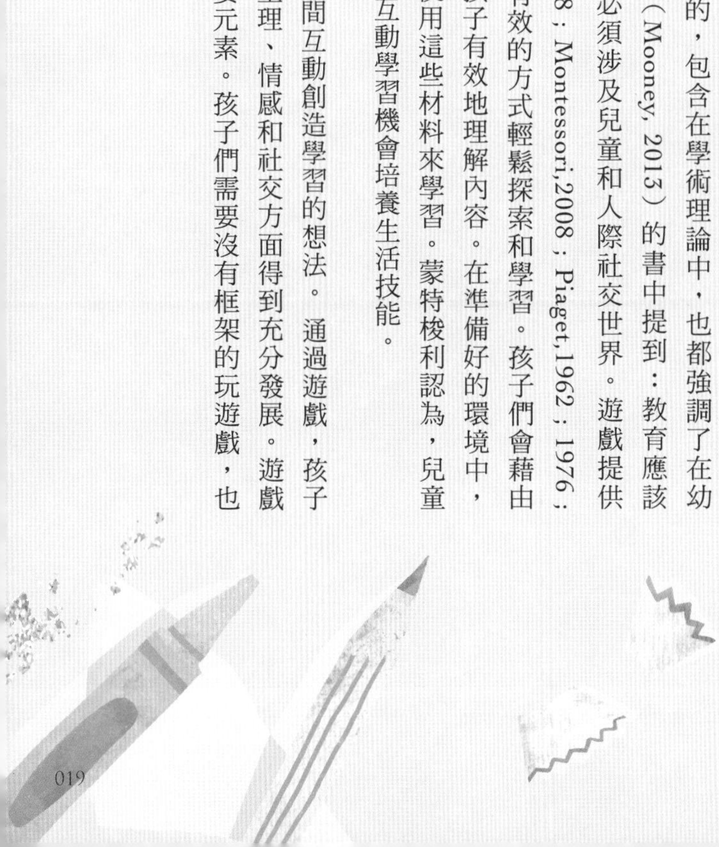

需要有結構性的遊戲；從先跟一位照顧者玩遊戲到需要跟同儕一起遊戲，並且加入各種不同體驗，這些由簡單到複雜的內容，便能讓遊戲成為孩子們在學習及奠定未來的一大元素。

Q3：對於零～六歲孩子來說，有需要特別學習情緒管理、人際互動表達能力嗎？他們去上學之後，這些能力不是自然就會發展了嗎？

A：孩子在成長過程中，會逐漸因應環境刺激、教養方式、生／心理狀態，發展出遵循大方向里程碑卻各自有其特色的能力。這也正是為什麼不同年齡階段的孩子，面對相同的生活情境，會出現不同的對應行為。

因此，越來越多元多變的生活情境與人際互動，孩子所需要具備的能力也就越豐富和複雜。語言表達、認知學習，動作協調、情緒管理、人際互動……，種種需求的增加，也帶動了孩子的能力發展。

但是，這些能力會憑空出現嗎？

當然不會！

是需要家長給予適時的引導、適當的培養，再搭配生活情境、學習經驗的累積，才會讓各種能力，得以均衡穩定的發展。如同種下一棵小樹苗，我們知道樹苗會長大，但是如果不澆水、不灌溉、不施肥，如何讓小樹成長茁壯？

當孩子逐漸長大進入學校，不論是幼兒園或是小學，都是驗收家庭環境、親子互動的關鍵場合，也是孩子持續發展關鍵能力，提升自我認同與社會價值的黃金期！期待在第一階段的家庭環境中，大人可以與孩子一起成長學習，為孩子在進入學校階段前奠定穩定基石。

Q4：對於零～六歲的孩子來說，情緒管理、人際互動與表達能力的學習重點在哪？

A：孩子們從對「自我」開始認識，慢慢了解到自己的概念之後，會逐漸適應環境，並且從身邊的主要照顧者、手足，接著到同儕慢慢開始與人互動。同儕之間的互動也是這段時期孩子們培養情緒、人際及表達能力的重要關鍵。

在家中開啟遊戲模式，將能在不同的遊戲結構下，培養情緒調節及解決問題的能力。當然，家長與孩子間的互動絕對是非常重要的，若是在家，在一個安全的環境下，不會對他人造成干擾的時候，發現孩子爆炸了，家長不用急著出手，可以先觀察一下孩子解決的方法及個人特質後，再出手引導。

「交朋友」是需要演練的，所以在七歲以前建議讓孩子們與同儕一起玩，勝過用才藝班填滿孩子們的生活。有的時候就算孩子去了學校，也可能只是在一個群體裡各玩各的，並非有真實的實戰經驗。能夠在有趣且安全的環境中學習及演練，對孩子來說將是一件非常幸福的事情。

除此之外，同理心的培養也會是人際關係的一大重要因素，有研究告訴我們，孩子如果能夠展現出比較多同理心或利他的行為，通常對人的需求會較敏感，同時也較願意幫助其他人，也比較不吝於分享，因此人際關係相對來說較好。而同理心的建立確實不容易，身教會是很好的方法，讓孩子們從家長的行為觀察並模仿，會是一種直接的學習方式。

這本書中的所有活動除了可以拿來跟自己的孩子互動外，也可以在家庭聚會時，跟其他家庭一起玩，也可以大家相約一個時間，一起玩玩這些遊戲。有研究指出在同儕之間的互動或爭執，比起家長，孩子更能夠從中學習該如何解決。

Q5：除了書裡的遊戲之外，生活中還可以如何和孩子互動加強這些能力呢？

A：對學齡前的孩子來說，除了學校生活之外，更多的時間是與家人的互動，因此家人們之間平時的互動都等於是在為孩子示範生活的能力。

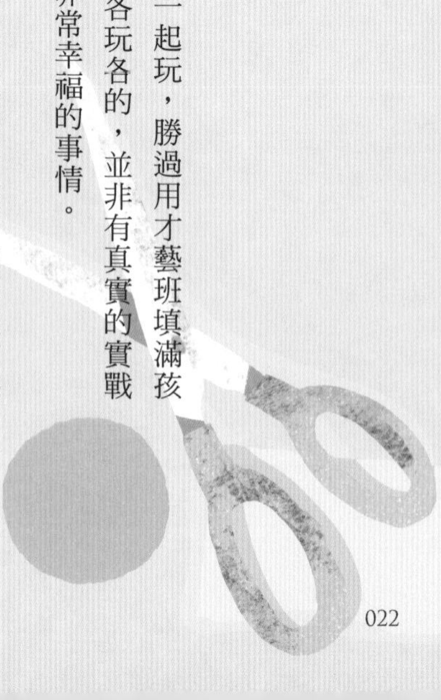

哇！這樣聽起來家長的壓力是不是很大？每天除了處理孩子的基本生活起居、食衣住行之外，還得要隨時留意自己是不是用「正確的」方式和孩子互動，深怕一個沒注意就用了本能對孩子大吼……。

然而，換個角度來想，無論爸媽是什麼樣的個性，都可以結合自己本身的個性和特質，向孩子示範當您遇到情緒困擾、人際互動和自我表達上的問題時是如何解決的，因此，我們也鼓勵爸媽可以與孩子分享您們自己的感受和經驗，向孩子示範每個人都會碰到困難、都可能遭遇失敗，但是我們會持續嘗試、尋求幫助，試著找到最適合自己的解決方式。

不論挫折是發生在和孩子的互動上，或是在家庭以外的地方，孩子能從我們的身上學習到面對問題的態度，就是我們能給孩子的最大禮物了。

零～六歲兒童能力發展表

以下表格以本書提及的零～六歲兒童能力及發展情形做呈現，爸媽可以依據孩子的年齡查詢，以了解每個孩子的階段能力發展，以及適合他們的遊戲方式。

每個孩子的特質不同，表格只是一個參考，若有疑慮還是建議諮詢信任的醫師或治療師，若有不夠詳盡處，也可參閱原衛生福利部國民健康署兒童發展連續圖或兒童健康手冊。

0.5-1 歲

粗動作	細動作	語言及認知	身邊處理及社會性
	可握住搖鈴約1分鐘（5個月前）		會對媽媽親切露出微笑（5個月前）
	手能主動伸向物體	轉向聲源（8個月前）	雙眼可凝視人物並追尋移動之物
不須扶持可以坐穩（8個月前）	將東西由一手換到另一手	會發出單音，如：ㄇㄚˋ、ㄅㄚˋ	會張口或用其他的動作表示要吃
坐時，會移動身體挪向所要的物體	用兩手拿小杯子	以揮手表示再見	會怕陌生人，分離焦慮可能持續到2歲前
能夠拉著物體自己站起來	拍手	會模仿簡單的聲音，如：喵（11個月前）	叫他，他會來
			共享式注意力的發展，能夠與他人有眼神接觸、視線跟隨、跟隨手指的指示（1歲前）

	1-2 歲	2-3 歲
	扶著家具會走幾步（1歲1個月前） 走得很穩（1歲4個月前） 會自己上下樓梯 會自己由椅子上爬下 聽到節奏強的音樂會隨著音樂擺動	會用一隻腳踢球 會手心朝下丟球或東西 不扶東西，能雙腳同時離地跳（3歲前）
	會撕紙 會用拇指和食指捏起小東西（1歲2個月前） 重疊兩塊積木（1歲8個月前） 會用筆亂塗（2歲前）	會一頁一頁的翻圖畫書 會照著樣式或模仿畫出垂直線 能模仿別人做摺紙的動作
	有意義的叫爸爸、媽媽（1歲6個月前） 會跟著或主動說出一個單字，如：球 能指出身體的一部分，如：鼻子（2歲前） 以身體的各個部位去接觸與認識媒材 假裝遊戲、象徵遊戲的出現，如：扮家家酒	至少會講10個單字，如：蝴蝶，並且使用短句進行表達 能正確地說出身體六個部位名稱，如：頭、耳朵 幼兒說話半數讓人聽得懂
社會參照的能力，能注意他人的情感反應，並以此做為做出反應的指引，如：要做危險的事情之前會察看照顧者的反應（1歲前）	會雙手端著杯子喝水（1歲6個月前） 幫他穿衣服會自動地伸出胳臂或腿 自己會脫去衣服（2歲前） 同理心的萌芽，可以注意到他人與自己不同的情緒	會打開糖果紙 會自己穿脫沒有鞋帶的鞋子（3歲前） 能用湯匙喝東西

		3-4 歲	4-5 歲
粗動作		可以自己上下樓梯 不扶東西，能單腳跳一下（5歲前） 不扶東西，能單腳平穩站立十秒鐘（6歲前）	能以腳趾跟腳跟相接向前走二、三步 不扶東西，能單腳連續跳五次以上
細動作		能夠模仿畫圓圈（3歲6個月前） 會用三根手指頭握住筆	會照著樣式或模仿畫十字（4歲6個月前）
語言及認知	能主動告知想上廁所 學習控制自己的身體以畫出自己想要的線條	會講自己的姓和名（3歲6個月前） 能正確地說出兩種常見物品的用途，如：牙刷、刷牙 能正確表達「你的」、「我的」，並且在表達中嘗試將兩個句子連起來 喜歡幫自己的圖畫命名，如：狗狗、氣球 可以完整唱完一首兒歌	能正確說出性別與他人性別 能辨認紅、黃、綠三種顏色外，也逐漸認知其他常見顏色 嘗試用某些線條代表固定的物體，如：蝌蚪人、樹枝人
身邊處理及社會性	會自己洗手並擦乾（3歲前） 會在團體中遊戲，但各玩各的	會自己穿衣服（3歲6個月前） 白天已經不會尿褲子 能用語言或限制感官輸入調節自我情緒，如：遮住眼睛、告訴他人媽咪很快就會來接我 能與其他孩子一起遊戲	能自己穿襪子 會用牙刷刷牙 依賴情緒表達做出判斷，如：「他很開心是因為他喜歡騎腳踏車」

			穩定的使用複雜句，內容逐漸有前後順序與邏輯性	
5-6 歲	能合併雙腳跳遠45公分以上	會照著樣式或模仿畫正三角形（5歲6個月前）	能穩定依照指示正確拿取物品並且記憶其順序（至少三個或三個以上）	會自己拉上或解開拉鍊（6歲前）
		能畫人（至少有可辨識的六個部位）	能正確排列1～10的數字卡，逐漸延伸至更多數字	會玩有簡單規則的遊戲，如：捉迷藏
			能模仿覆誦五個阿拉伯數字，如：96257	運用策略進行情緒自我調節
			能說出身體部位的功能，並且類推至其他範圍，如：嘴巴吃東西，消防隊員會救火	
			畫的圖越來越能夠被辨識	

修訂自：衛生福利部國民健康署兒童發展連續圖
https://www.hpa.gov.tw/Pages/Detail.aspx?nodeid=1141&pid=6588

其他參考資料：Rubin, J. A. (2005). Child art therapy. Hoboken, N.J: John Wiley. Chicago (Author-Date, 15th ed.) Rubin, Judith Aron. 2005.
李美芳、黃立欣（譯）（2008）。發展心理學：兒童發展。臺北市：臺灣培生教育。(Laura E. Berk, 2006)

PART 1 家庭生活篇

對學齡前的孩子來說，學習可以是有趣並充滿五感刺激的，爸媽處理孩子的「狀況題」也可以是充滿創意的。透過與孩子一同遊戲增進親子關係之外，也能夠一窺孩子的內心，共同啟發屬於你們的創意親子世界。

年齡

0~2歲

Q1

孩子快兩歲了，還不開口講話，怎麼辦？

一歲半的阿寶不太喜歡開口說話。在家想要拿玩具或想去某處時，他會拉著大人的手用指的，但是要求他說出物品名稱或簡單疊字時，他就是不開口，男生真的比較晚才會開口說話嗎？

「男生語言發展比較慢，所以比較晚開口說話」，這個觀念並不正確。語言發展的速度與歷程沒有性別之差，一般的發展歷程如下：

✻ **九到十二個月**：此時孩子會有比較明顯的高低音調，也更懂得用聲音強化想表達的情緒，更會有意義的說出爸爸、媽媽，也會開始表達要或不要。儘管聽不懂孩子在說什麼，但這時孩子會發展出大量火星文和聲音。另外，也可以觀察孩子是否聽得懂簡單指令，例如：拿鞋子、找媽媽等等。

✻ **一歲到一歲半**：孩子大約可以理解和表達五十個字詞彙量，例如：抱抱、ㄋㄟㄋㄟ、球球等，也開始能夠指認或說出身體部位、跟著音樂哼哼唱唱。

❋ **一歲半到兩歲**：孩子會嘗試把動詞加到要表達的詞彙中，例如：坐車車、喝ㄋㄟㄋㄟ、拿球球等，這個時期也開始能理解兩個步驟的指令，例如：拿球球放籃子裡。

對於孩子的語言發展，爸媽可以主動在生活中與孩子互動。

❶ **觀察互動並引導**：大約一歲半時，孩子開始會用單音或單字與人互動，雖然字詞不多，但已經可以理解生活周遭常見的物品名稱，並聽得懂一個步驟的指令，例如：車車在哪裡？（孩子可能會轉頭去找或是伸手拿小汽車）。

此時，除了增加孩子對於常見物品名稱的認識外，也可以引導孩子利用已經會的單字或疊字延伸變化。如果孩子已經知道爸爸、媽媽，大人可以問問孩子：「媽媽抱抱好不好？」引導孩子說出「好或不好」，並搭配肢體動作練習。

❷ **漸進式的鼓勵開口**：一歲半左右的孩子，要鼓勵他們學習使用語言進行互動，或是利用模仿和變化不同聲音作為遊戲玩也可以。例如讓孩子從動物的叫聲、交通工具的聲音、驚嘆的聲音進行模仿和遊戲，鼓勵小朋友發出不同類型的聲音，再進階到模仿有意義的單字或疊字。

GAME 01 讓我們唱玩在一起

時間：15～20分鐘

目的：
❶透過歌曲接唱誘發語言能力。
❷藉由有趣的音樂，讓孩子更加有興趣「玩」聲音。
❸透過節奏與簡單的歌詞創作，啟發孩子們的語言經驗。

材料：身體或鼓

遊戲開始 START

❶選擇幾首跟動物、交通工具有關的兒歌，例如〈王老先生有塊地〉、〈兩隻老虎〉、〈The wheels on the bus〉等，也可以選擇市面上流行的兒童歌曲。

❷選定歌曲後，可拍打鼓或將身體當作樂器，拍打身體的部位（拍手、拍大腿、拍膝蓋），陪伴孩子跟著歌詞一起哼唱。

❸如果想加入多一點變化，大人可以變換節奏，比如加快版或放慢版，讓孩子配合快或慢的節奏。

❹越來越熟悉歌曲之後，試著讓孩子循序漸進的跟著歌詞練習接唱。

一開始可以用填空的方式，例如，讓孩子接唱每一句歌詞的最後一個字↓進階到接唱最後兩個字

→再進步到接唱最後三個字→最後讓孩子可以接唱一整句歌詞。

❺ 也可以將歌詞中的狀聲詞，像是汪汪、喵喵、咩咩等動物的聲音挖空，或是叭叭、嘟嘟、歐伊歐伊等交通工具的聲音，讓孩子們填空。當然，要先示範給孩子聽喔！
爸媽示範時可以誇大嘴型，讓孩子更容易從嘴型進行模仿。

❻ 當孩子的語言能力越來越好時，爸媽可以試著改編更多歌詞，例如用兩隻老虎的歌詞進階改編為：「三隻小貓三隻小貓，走得慢，走得慢，一隻是白色的，兩隻是黑色的，真可愛，真可愛。」當然第一次不用改編這麼多歌詞，可以依據孩子的能力循序漸進。

TIPS

按照孩子的認知及語言發展，選擇適合孩子學習年齡的歌曲，但爸媽聽的音樂也可以讓孩子聽喔！在遊戲時，爸媽如果可以跟著一起唱是最好的，甚至在沒有音樂的時候，也可以利用這些歌曲跟孩子們玩各種不同的遊戲。

GAME
02
小小探險家，出發！

時間 ✻ 15～20分鐘

目的 ✻ ❶ 透過聽覺、視覺、觸覺，搭配手部操作，累積孩子語言使用與表達的基礎。

❷ 利用聲光玩具或是有聲繪本吸引孩子注意，刺激感官經驗，同時訓練口腔動作、肢體動作控制的協調力。

材料 ✻ 會發出聲音的玩具和繪本、有光線變化的操作玩具、動物或交通工具的聲光玩具

遊戲開始 START

❶ 平常互動時，多觀察讓孩子感興趣／有反應的玩具或聲音，作為此遊戲的素材。

❷ 將孩子喜歡的玩偶、會發出聲音的小汽車、會發亮的玩具等，陳列在孩子面前，讓孩子先看看有哪些玩具。遊戲前帶領孩子喊出口號：

「小貓咪喵喵叫，它要和你玩躲貓貓。」

❸ 爸媽其中一人先將玩具藏到家中各個角落，並且持續操作玩具發出聲

音或是光線。

❹ 另一人則帶領孩子找玩具，一起聽聽看是什麼東西發出聲音。大人可以模仿玩具的聲音，也鼓勵孩子一起嘟起嘴巴，發出聲音。

❺ 找到發出聲音的玩具之後，給予孩子除了聲音以外的語言示範。例如，拿到一台消防車時，爸媽可以形容：「這台車有輪胎，圓圓的。也有方方的窗戶，還有消防員坐在車子裡，他們要去滅火。」

❻ 找到第一個玩具後繼續出發。大人可以利用還沒被找到的玩具聲音繼續引導孩子：「你聽，有汪汪的聲音，是誰呢？」請孩子嘗試回答大人的問題，如果等待許久沒有答案，大人可以提示：「是小狗汪汪叫？還是消防車汪汪叫？」

❼ 孩子回答出答案後，探險隊繼續出發，去找找看小狗究竟躲在哪。

❽ 找到小狗後，大人繼續引導孩子多說一些小狗的特徵，例如，狗狗喜歡吃肉、常搖尾巴、有大大的耳朵、誰最喜歡抱著狗狗玩偶一起睡覺……。若是其他物品，也可以用這樣的模式進行遊戲。

TIPS

一歲到一歲半的孩子在溝通技巧發展初期，必須要累積足夠的聽覺經驗與動作控制能力，以及大量的「詞彙量」。持續給予刺激與鼓勵，孩子在適當時機就一定會展現出令人驚豔的學習成果。

年齡

1~2歲、3~4歲

Q2 小孩吵架時，既動手打人又愛告狀，怎麼辦？

三歲半的姊姊與兩歲的弟弟一起玩耍。弟弟因為說不過姊姊而動手打人，姊姊哭著跑來告狀，弟弟也說不清楚怎麼回事。家裡常常上演這樣的劇碼，請問爸媽可以怎麼做？

輕微的手足衝突是正常的，大人不需要太擔憂或自責，也不需要每一次都介入處理，太頻繁處理也很消耗精力，若因此影響到爸媽的情緒和耐心，反而不利於親子關係喔！

處理這類問題時，有幾個大原則可以參考：

❶ **同理**：先站在孩子的角度同理他們的感受，例如：「姊姊妳看起來好生氣喔。」、「我知道妳因為弟弟打人所以很生氣。」、「弟弟你不知道怎麼跟姊姊說，所以好著急喔。」

當大人第一時間不是指責，而是先關心孩子時，通常能幫助孩子緩和情緒。情緒和緩後，後續的討論也會更順利。

❷ **討論：**和孩子聊聊未來若發生類似情形，可以怎麼做？可以和姊姊討論，當弟弟話說不清楚時怎麼辦？能否先猜猜看弟弟想做什麼？或是先口頭告訴弟弟「不可以」。

同時也和弟弟討論，當自己不知道如何表達時，能用什麼替代方式？例如用手指，或搭配簡單單詞讓姊姊知道自己想做什麼，又或是找大人協助。

❸ **「情緒配音」練習：**平時幫孩子做「情緒配音」的練習，幫助孩子描述他們當下的樣子和可能的原因，例如：「你看起來真的很生氣，拳頭都握得緊緊的，你真的不喜歡別人直接從你手中拿走玩具。」透過他人協助說出感受，孩子能奠定情緒覺察的基礎，也更加同理他人的感受。

貼心提醒

一般來說，孩子三歲後才較能和他人進行有來有往的互動，比較能彼此配合，像是煮菜遊戲能一個人當老闆，另一個人當顧客。但小於三歲的孩子，則會更專注在自己想玩的、想拿的玩具上，比較沒有「一起玩」的概念。當家中有這兩個年齡層的孩子時，可能就會面臨對遊戲方式期待不同的衝突。

GAME 01 好好先生，好好小姐

時間✱5～20分鐘，視情況延長

目的✱❶培養孩子的衝動控制能力。❷讓孩子練習角色輪替和同理心的培養。❸讓孩子體會配合他人與互相協調產生的樂趣。

材料✱扮家家酒（角色扮演），或任何孩子有興趣的遊戲

遊戲開始 START

❶ 先和孩子說明，今天要用不一樣的方式玩扮家家酒。

❷ 遊戲中必須包含兩個固定角色，一是發號施令者「國王」，二是執行指令者，也就是「好好先生」或「好好小姐」。

❸ 遊戲一輪3～5分鐘，可以先由爸媽和年紀大的孩子示範，再視孩子的反應微調。

❹ 遊戲方式和平常一樣，不一樣的地方只在於開啟「好好先生」模式時，「好好先生」只能依照「國王」的想法行動而不能有其他意見。當國王

沒有給予指令時就繼續玩遊戲，但其他人不能指導國王接下來怎麼玩。

❺ 例如，在玩扮家家酒時國王（爸爸扮演）可以對好好先生下指令：「○○○（孩子的名字），我想要一個特製超大漢堡！」扮演好好先生的孩子只能回答「好」，並遵照指令做出超大漢堡給國王。每5分鐘便換一人擔任國王及好好先生。

❻ 遊戲建議先設定20分鐘，每人會擔任兩次發號施令者和兩次好好先生。若效果不錯，孩子也有興趣，可以再延長。

❼ 遊戲結束後，和孩子分享擔任不同角色的心情，例如：「爸爸當好好先生的時候，有點期待又有點擔心你會說些什麼？你呢？你喜歡哪個角色？為什麼？」

TIPS

通常孩子一開始都會很想當發號施令者，但隨著時間過去，爸媽或許會發現兩人都逐漸習慣去配合對方了！此外，這個遊戲很適合親子同樂，因為孩子難得有機會對大人發號施令，雙方透過遊戲體驗彼此的心情，也能夠促進親子和手足之間的感情！

GAME 02

我的表情，你來猜

時間 ✳ 20～30分鐘

目的 ✳ ❶ 讓三～四歲的孩子累積不同情緒的經驗值。
❷ 透過和表情、情緒、事件有關的小遊戲，讓孩子更加認識情緒、表達情緒。

材料 ✳ 圖畫紙、彩色筆、黏土、白膠、剪刀

遊戲開始 START

❶ 爸媽先設定一個故事情境，可以是截取孩子們常發生的衝突事件改編而來，幾位主角的名字和個性都可以和孩子一起討論，但是切記，不要有太多「影射」。

❷ 整理好人物特徵、外型、個性後，讓孩子一人負責一個主角，帶領孩子在圖畫紙上畫出來。畫畫時，可以和孩子討論，主角臉上會出現哪些不同情緒的表情呢？統統畫下來，誇張一點也沒關係。

❸ 使用黏土製作故事的小配件。

如果故事中會出現棒球，就用黏土捏出一顆小棒球或是球棒。也

可以直接使用真實物品。

❹ 任一大人為故事開頭，例如：「小鎮上，有一對很愛打棒球的好朋友，一個叫強尼（一個孩子飾演），另一個叫小華（另一個孩子飾演）。有天，強尼走在路上時看到了一根球棒，此時他的表情……」接下來的劇情可以由爸媽引導，讓孩子故事接龍，當強尼拿出生氣表情的人物時，讓其他人猜猜看發生了甚麼事？

❺ 爸媽可以詢問：「強尼怎麼了，為什麼有點生氣？我猜猜看，地上有一枝壞掉的球棒，有人破壞了球棒嗎？」此時請孩子說出強尼的情緒，以及造成情緒的原因。

❻ 接下來換小華上場，爸媽陪同扮演小華的孩子想一想，怎麼做才能讓強尼從生氣臉變成笑臉呢？

❼ 問題解決後詢問：「我們可以一起玩嗎？我會輪流並且愛惜玩具。」由孩子決定是否換上笑笑臉的表情，再繼續把故事演完。

❽ 故事由大人結尾，具體讚美孩子在遊戲中的表現，例如：有表達出自己的情緒、願意跟大家分享、表情畫得很好、道具分工合作完成等等。

TIPS

經由遊戲情節累積情緒經驗，孩子除了更加認識自己之外，面對爭執與人際衝突時，也會擁有更多智慧與技巧。

年齡
3~4歲、5~6歲

Q3
小孩爭搶玩具時，爸媽怎麼做才叫「不偏心」？

哥哥不願意和弟弟分享玩具，還一直說大人偏心，為什麼弟弟做什麼都可以，為什麼大小孩一定要讓小小孩？對父母來說，手心手背都是肉，遇到手足相爭時，究竟該怎麼辦呢？

許多家長對手足相處、處理紛爭這件事情感到很棘手，總希望能兼顧孩子的心情和公正性，卻事與願違。面對衝突，爸媽或許可以採取鼓勵「正向行為」的模式。

❶ **情緒先放一邊**：當孩子出現紛爭時，家長的心情也好不到哪裡去，但是當父母帶有情緒時，可能會讓整件事情更加緊張。

❷ **成為孩子的聆聽者**：充分聆聽事情始末，再個別化處理。

首先，將孩子分別帶離衝突現場。帶離現場後，先讚美大寶「曾經」為弟妹做過的分享／包容行為，讓大寶知道，我們對於他願意跟弟妹分享、一起玩感到很安慰／開心。再問問大寶他覺得這一次的衝突可以怎麼處理？爸媽很樂意聽聽他的想法。

大寶回答後，爸媽再度鼓勵他，例如實際物品的鼓勵（文具），搭配社會式增強（口語鼓勵、擁抱）。讓他了解父母沒有偏心，只是長大後的鼓勵模式和小時候不一樣了。

接著，爸媽可以問問二寶喜歡哥哥的哪些玩具？還是他只是單純想跟哥哥一起玩？二寶說出想法後，爸媽可以請他想一想自己有哪些玩具和哥哥的類似，是否可以交換玩？爸媽需要讓弟弟了解，哥哥不想分享玩具，是因為他現在想要自己玩。如果二寶希望大家一起玩，可以主動分享玩具給哥哥，並邀請哥哥。

結束個別談話之後再整合。在爸媽的引導下，讓孩子練習分享玩具，也練習各自遊戲，讓兩人感受相互尊重的禮儀。

❸ **讓孩子自己選擇**：讓孩子能依照喜好和意願，挑選自己的禮物或日常物品。爸媽可以在選擇物品前和孩子討論，給予孩子自我選擇的機會。

用「鼓勵正向行為」取代「懲罰負向行為」，讓孩子良好的行為透過鼓勵持續下去，未來面對衝突與情緒的處理，也會越來越正向。

GAME 01 故事小導演來了

時間＊30分鐘

目的＊❶透過繪本共讀，讓孩子用不同視角看見他人的故事。
❷扮演角色時，爸媽可以了解孩子看事情的角度，進而調整自己對待孩子的態度。
❸爸媽可以找到處理手足爭執時的平衡點，讓家人之間彼此更了解、更有默契。

材料＊繪本《我的弟弟跟你換》、圖畫紙、彩色筆

遊戲開始 START

❶邀請孩子一起閱讀繪本，並且預告：「等一下換我們當導演，一起說一個全新的故事，或是畫出新的故事。」

❷繪本共讀時需要放慢速度。遇到角色對話的段落，可以用對話的方式演繹台詞。例如，媽媽扮演姐姐卡洛琳，就用卡洛琳的角色說出對話，爸爸則可以扮演其他角色。

❸繪本共讀完後，可以用自願或抽籤的方法認領故事角色，並選出第一輪要編故事的導演。

❹ 由導演起頭，帶領大家一起用角色扮演的方式，順著脈絡將故事演一遍。情節可以邊演邊調整，遇到故事中的提問時，鼓勵孩子用自己的想法表達出來。看看大家最後會不會演出另一個故事結局。

❺ 孩子若對口語表達感到負擔，此時可以調整為「一起創作（畫出）故事」的方式進行。同樣由爸媽先示範，畫出自己編的故事。同時也可以鼓勵孩子「說出」想要的情節內容，由爸媽畫下來，大家一起當故事小導演。

TIPS

透過第三人的角度進行表達以及理解他人，對孩子來說是間接且溫和的方式。期待爸媽在引導孩子互動的過程中，尊重孩子的故事與表達方式，不論故事結局是否完美（並不一定要happy ending），都需要認同孩子的主動表達與認真合作，孩子的各種面向都是他最真實的樣子。

GAME
02
為我的故事唱首歌！

時間＊30分鐘

目的＊❶將故事編成歌曲，讓孩子獲得成就感。
❷藉由編寫的歌詞，讓孩子更了解情境及自己的想法，同時也能練習口說表達。

材料＊前一個活動畫好的圖畫、白紙、有顏色的筆、手機錄音軟體（任何內建錄音軟體皆可）

遊戲開始 START

❶接續上一個〈故事小導演來了〉遊戲，讓爸媽帶著孩子重新講述一次故事。若有畫作，可以將畫作拿出來跟孩子再討論一次。

❷透過討論，將故事的每個畫面或步驟都寫成一句簡單的話，用孩子可以理解並且使用的話表達。請孩子選出喜歡顏色的彩色筆，爸媽把這句話寫在紙上。

❸依此類推，將這個故事完成，變成一首歌詞。切記，盡量讓孩子表達，如果孩子有自己想像的故事劇情，就讓孩子安心表達自己的想法，先不急著糾正。

❹可以在寫歌詞前先討論好要用哪一首歌，或者在歌詞完成後，將歌詞套進孩子熟悉的兒歌中，比方〈小星星〉、〈王老先生有塊地〉等等，也可以由爸媽隨意哼唱出來。

❺許多孩子在三、四歲之後，都能善用人聲創作音樂。如果孩子能自己唱出來當然更棒，爸媽這時就可以將這首歌曲錄下來，再回放給孩子聽。

❻跟孩子一起聽聽看自己的創作，也可以問問孩子有什麼感覺。例如喜歡這首歌嗎？喜歡什麼地方呢？下次要再一起寫一首歌嗎？

TIPS

創作的過程中，大人記得保持開放的心，儘管歌詞不見得是大人心目中的標準答案，卻是孩子們心裡最真實的想法。

就算孩子可能在歌詞中互相指責，覺得都是對方的錯為什麼是自己被罵，或者為什麼要把自己的東西分享給別人，甚至說出爸媽偏心的話等等，這些都是孩子們心裡真實的感受，如果爸媽希望未來能繼續聽到孩子的內心話，可以透過親子間的遊戲為孩子創造一個安全的表達空間喔。

年齡

3~4 歲

Q4

二寶即將出生，爸媽如何照顧大寶的情緒呢？

懷了二寶之後，三歲的大寶好像比之前更黏人了。帶大寶共讀相關繪本，也說明媽媽的肚子裡現在有妹妹，但孩子總是似懂非懂。有點擔心二寶出生後大寶的情緒，大人該怎麼做呢？

弟妹還沒出生，但孩子已經能察覺到媽媽的不同了。以往媽媽能全心全意地陪自己看書、玩遊戲，但現在卻花更多時間和肚子裡的寶寶說話，也需要更多睡眠。察覺到一切的大寶，會因此做出更多努力引起媽媽的關心和注意，所以我們經常聽到二寶出生前後，大寶出現行為「退化」的狀況。這裡的「退化」指的是一種狀態，可能表現在孩子的生理、心理和社會情緒表現上。

生理方面，孩子的生活自理能力可能會下降，像是能自行上廁所的孩子開始尿床或需要包尿布；在心理和社會情緒方面，孩子的挫折忍受度可能變低，變得較容易生氣和哭泣，也會出現較多尋求關注的行為。

但大部分的狀態是暫時的，通常會發生在二寶出生前後，有時會延續到二寶出生後的幾年。即使家長做足了準備，大寶還是可能出現退化行為。因此觀察到孩子的改變時，大人也不用太自責擔憂，可以運用以下幾點建議，陪伴孩子度過這段變動時期。

❶ **預告即將發生的變化**：在二寶出生之前，與大寶一同準備二寶的東西。例如布置嬰兒床、清洗大寶小時候的玩具傳承給二寶等。

除了共讀繪本外，也可以一同討論家中可能發生的變化，例如媽媽會住進醫院生產，有一段時間不在家；寶寶回家後，家裡會更熱鬧；陪大寶睡覺或洗澡的人可能會改變等等，協助孩子有較多的心理準備。

❷ **規劃孩子專屬的時光**：這樣的狀況持續發生，除了可能會影響大寶對二寶的態度外，也可能影響大寶以往的安全感。

建議爸媽與大寶訂定一個專屬他的親子時光，例如爸爸照顧寶寶時，由媽媽陪大寶玩半小時，或是利用寶寶小睡的時間陪伴大寶。藉由獨自享有爸媽的時間，讓大寶有被全心關注的時刻。

❸ **陪伴孩子度過角色的轉換**：大寶要從唯一的孩子晉升為哥哥姊姊了，在角色轉換中或許會不適應，這時可以協助孩子建立充當爸媽小幫手的成就感，讓孩子適時協助照顧小寶寶，幫忙拿尿布、餵奶等，並且對於孩子的協助給予鼓勵而非視為理所當然，如此也能讓孩子在角色轉換時更順利、更有自信。

GAME 01

我與弟弟/妹妹的主題曲

時間 ✻ 30分鐘

目的 ✻

❶ 藉由音樂互動促進親子關係，讓孩子感受到爸媽對自己及弟妹都是很重視的。

❷ 透過想像，讓孩子對未出生的手足產生好奇心，並且更有參與其中的感覺。

❸ 透過歌詞創作，引導孩子說出對於弟妹到來的心情。

材料 ✻ 任何可以錄影的器材（手機、平板、電腦都可）

遊戲開始 START

❶ 邀請孩子一起對著媽媽的肚子唱歌。將歌曲的選擇權交給孩子，可以詢問孩子：「你有沒有想唱什麼歌給弟弟妹妹聽？」如果孩子選不出來，媽媽可以選擇一首孩子喜歡且會唱的歌曲，邀請孩子跟著媽媽一起摸摸肚子唱歌。

❷ 如果孩子喜歡自己創作，唱自己喜歡的旋律，也沒有問題。

❸ 隨意跟孩子聊聊天，看看在弟妹出生後，大寶會想到哪些事呢？可能是擔心的事、可能是開心的

事，無論是什麼內容，都允許孩子表達。

④ 請孩子想想看，有什麼話想要對弟弟妹妹說呢？例如：「你以後會跟我一起玩嗎？」、「你現在在肚子裡面做什麼呀？」等。

⑤ 最後把這些內容整理成歌詞，套入一開始跟孩子一起唱的那首歌裡，再和孩子一起對著肚子唱給寶寶聽。

⑥ 完成歌曲後，可以邀請孩子用錄影的方式，把大家一起對著肚子唱歌的樣子拍攝下來，讓孩子對於即將出生的寶寶有更多期待，更有參與感和安全感。

TIPS

當孩子在表達想法時，大人可以盡量鼓勵，但不加以評論。這段時期，孩子可能會有很多想像，不用太急著讓孩子接受即將誕生的寶寶，慢慢讓孩子感受這一切的發生就好。

如果孩子的語言能力尚未很成熟，可以找找相關的卡通短片或繪本先跟孩子聊一聊，再進行這個活動喔！

GAME 02

畫一個寶貝弟弟／妹妹

時間✻30分鐘

目的✻❶透過有趣的藝術創作，提供孩子更貼近尚未出生手足的機會。
❷透過家長引導，讓孩子能在媽媽懷孕與家中迎接新生兒的氣氛中獲得參與感。
❸邀請孩子分享創作理念，讓家長能進一步與孩子討論對新生弟妹的期待與擔憂。

材料✻媽媽的肚皮（最理想的畫布是媽媽的肚皮，但如果感到不自在，也可以換成其他的畫紙或畫布）、人體彩繪筆或顏料，或者其他方便取得的彩繪工具

遊戲開始 START

❶先和孩子討論看看他對尚未出生的手足有什麼想像，如眼睛的大小？嘴巴的樣子？長得像誰？個性像誰？（如果有寶寶的超音波照片，也可以拿出來和孩子討論。）

❷邀請孩子聽聽媽咪肚子裡弟弟或妹妹的聲音，跟弟弟或妹妹打招呼、說說話，再來跟肚子裡面的小寶貝說：「媽媽（爸

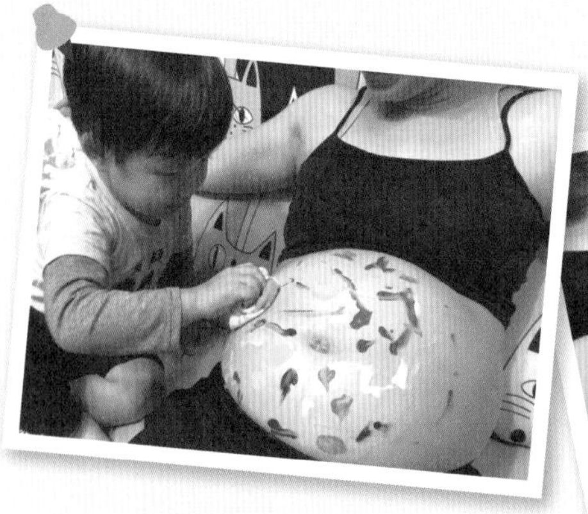

爸當然也可以加入）、哥哥或姊姊，要來跟你一起畫畫囉！」

❸ 邀請孩子用人體彩繪筆先在媽咪的肚皮上標示出弟弟或妹妹的位置，可以畫一個圈或者是一個小點點。

❹ 接著，讓孩子隨意發揮想像，爸媽也可以一邊和孩子討論彼此對小寶貝的期待、想像與擔憂。

❺ 過程當中爸媽不需要過度介入，因為遊戲目的是希望讓孩子迎接弟妹時有更多參與感。若孩子畫畫有困難，也可以請孩子畫些他們喜歡的東西或圖案，像是冰淇淋、愛心圖案，或是簡單的線條也可以，並將它們介紹給弟弟妹妹認識。

❻ 創作結束之後，和孩子一同拍張全家福（包含肚皮上的寶貝），再邀請孩子一同用濕毛巾把肚皮上的創作擦掉。

TIPS

遊戲之前，若家中有懷孕或者手足相關的繪本，可以先和孩子共讀後再進行彩繪。遊戲結束後，和孩子一同討論創作過程的感受、現在對弟妹的想法。如果孩子不是那麼擅長用口語表達感受，也可以由爸媽先示範！

年齡
3~4歲、5~6歲

Q5 如何拿捏孩子使用電視或3C產品的方式？

三歲的孩子很喜歡看電視，只要大人一關電視他就會生氣。聽說看電視可以讓孩子學習知識和語言，但我們該怎麼控管孩子看電視（手機）的時間和幫助他學習呢？

數位時代，3C已經是不可避免的一部分。如何在享受便利之餘，又能讓電子產品成為小助手？爸媽可以依據以下方向，找出符合家中型態的選擇。

❶ **慎選主題**：兩歲之後，孩子會開始學習生活自理、生活常規，與生活環境相關的種種認知概念；兩歲半到三歲左右，則會對生活事物產生好奇與喜愛，爸媽可以依照孩子的年齡，選擇與這些相關主題的卡通或影片觀賞。

❷ **調整時間**：為顧及孩子的專注力與記憶力，並考量電子產品對於大腦、視力和姿勢的影響，建議讓孩子觀看影片的時間一次大約五至十分鐘，所以挑選十分鐘以內的影片會比較適合。

影片結束後，可以讓孩子休息，或是將專注力轉移到非電子的遊戲或活動中。當然，父母也可以依據自身的家庭狀況，靈活調整時間。

❸ **雙向互動**：如果無法陪同孩子觀賞，建議爸媽在挑選影片時先大略了解內容。影片結束後，也可以和孩子口頭互動，詢問孩子：「卡通裡的小豬怎麼了？」、「他為什麼哭得那麼傷心？」、「媽媽覺得剛才的小羊好勇敢，他都可以通過考驗，你也是勇敢的小幫手嗎？」透過問答與分享，讓原本單向的視覺輸入變成有來有往的雙向互動，會讓影片內容更加靈活。

❹ **創意延伸**：用卡通或影片帶給孩子的知識與主題，延伸成家庭活動、親子互動的主題和小遊戲，可以是藝術繪畫、積木組裝、音樂遊戲等。一方面讓孩子透過操作，精熟學習的主題，另一方面也延伸孩子的創意思考能力。

3C的優缺點如何取捨是一大難題。以下針對優缺點評比，讓爸媽做出符合自身需求的選擇。

優點1：快速了解孩子同儕之間的共同話題，也可以了解孩子喜愛的主題，增進親子關係。

優點2：孩子擁有多感官的知識來源，此時父母也可以稍微在旁邊休息陪伴，轉移照顧的壓力。

疑慮1：在視力、姿勢以及專注力上多少會造成影響。因為電子產品的畫面感受、聲光效果與視覺體驗較強，容易影響孩子進行紙本閱讀、操作遊戲的動作。

疑慮2：電子產品屬於較單向式的互動，倘若作為學習的主要媒介，會影響互動的靈活性與知識吸收的互動性。畢竟人際關係需要實際體驗與多感官的、多向度的接觸與知識學習，電子產品只能作為輔助。

遊戲帶領

GAME 01

動物面具派對

時間 ✻ 20～30分鐘

目的 ✻ ❶透過互動遊戲，爸媽可以觀察孩子對於動畫卡通的吸收程度。

❷透過雙向互動，加強孩子對於影片內容的吸收與理解。

材料 ✻ 卡紙、彩色筆、剪刀、打孔機、彈性線或是橡皮筋

遊戲開始 START

❶選擇一部／一集孩子看過的動畫，例如巧虎、佩佩豬等，由爸媽引導孩子一起整理故事的內容並簡化，故事必須要有五大元素，分別是：①主角、②時間、③地點、④發生的事件、⑤結果。

❷從動畫中選出要參加派對的動物主角，一人限選一個角色。例如，孩子扮演巧虎、媽媽想扮演兔子琪琪、爸爸想扮演鸚鵡桃樂比等。

❸將動物的臉部特徵與外觀畫在圖畫紙上，並塗上顏色。在爸媽協助下把畫好的動物頭像剪下來，並在適當位置打洞，綁上彈性線或橡皮筋。

❹在面具派對中，爸媽可以先依照原先的動畫脈絡起一個開頭，並在故事中放入情境問題，讓孩子自由延伸。例如，今天是巧虎生日，他邀請了好多朋友來參加生日派對。大家一起吃了蛋糕和玩積木，突然，琪琪撞倒了積木………，後續再由大家一起發揮演出。

TIPS

3C產品帶來的知識管道也許較為單一、互動少，但是因應時代趨勢，爸媽可以將其內容轉換為有來有往的雙向吸收與表達，一方面增加親子互動，二方面也可以藉此了解孩子學習進度，成為家庭彼此交流的好模式。

❺動物派對結局的收尾需要爸媽出場，特別是我們會針對發生了什麼狀況、動物朋友們如何面對與解決做結論，並且讓故事有一個美好的結局。

GAME 02

影片裡的故事接龍

時間＊20～30分鐘（可自行調整時間長短）

目的＊❶藉由決定影片中的角色由誰扮演，讓孩子們擁有主導權。

❷透過音樂或聲響的搭配，讓孩子學習尊重別人的喜好選擇。

❸將影片延伸出的活動帶入生活，讓孩子覺得無論是看影片或是跟爸媽互動都很有趣。

材料＊圖畫紙、色筆、不同角色的圖片（可從網路上下載）、影片中的音樂或者任何可製造出聲響的器具，例如：鍋子、桶子、塑膠袋等等

遊戲開始 START

❶讓孩子選擇一個想要表演的影片角色，例如巧虎、佩佩豬等等。

❷詢問孩子是否有希望演出的特定影片，若沒有，就直接使用孩子選擇的角色來說故事。

❸讓孩子決定每個角色由誰擔任。以佩佩豬為例，孩子可以選擇當媽媽豬，而媽媽當佩佩豬。

❹決定好角色之後，再設定故事的場景，例如：今天我們要去哪裡？公園嗎？海邊嗎？外婆家嗎？等等，依照孩子當下的想法設定。

❺ 場景設定好，就一起編故事囉！用故事接龍的方式進行，例如：媽媽先說第一個段落、孩子說第二個段落、最後爸爸說第三個段落。如果三個段落的故事太短，可以繼續輪流接下去。

❻ 如果爸媽或孩子對於音樂及聲音的使用很熟悉，可以邊接龍邊為故事做出不同音效的配樂囉！例如：「今天是個好天氣，佩珮豬決定要跟爸媽一起去公園玩（這時孩子可以從網路上選擇他覺得適合的音樂作為配樂）。這時，路上遇到突然下雨（在網路上找到下雨的聲音，或者用沙鈴當作雨聲）……。」將故事說完。

❼ 如果第一次玩這個遊戲，建議先講一次故事，再重複一次故事的大概內容，並搭配音樂或聲響。每個人在講自己的故事時，可以搭配自己喜歡的音樂或聲響。如果孩子表現出不喜歡爸爸或媽媽搭配的音樂，爸媽可以告訴孩子：「現在是媽媽的時間，所以媽媽可以選擇想要的音樂，等一下換你講故事時，你也可以選擇你想要的！」

TIPS

孩子一開始若無法講出完整故事，可以用接龍的方式給孩子一點示範，讓孩子不用擔心必須自己一個人完成故事。選擇音樂或聲響時，切記尊重孩子的喜好及決定，就算孩子選擇的聲響並不一定像是下雨的聲音、汽車經過的聲音等等，都沒有關係，重點是讓孩子自己找到他想要搭配的音樂及聲響。

年齡

3~4 歲

Q6

孩子在學校能完成的事，為什麼在家卻需要他人協助？

孩子上小班後，自己吃飯、做活動等，老師交代的事情他都願意嘗試，但下課回到家卻和在幼兒園相反，不僅吃飯要大人餵，也逃避寫作業，怎麼辦呢？

在學校可以做到的事，回家後卻做不到了，有這樣表現的孩子不在少數，通常會建議爸媽先觀察一下，以便找到原因處理。

❶ **孩子的能力是否與年齡符合：**以吃飯為例，可以觀察孩子拿湯匙吃飯或拿筆畫畫寫字時，有沒有拿不穩或太用力的狀況。如果有，代表手部小肌肉發展可能尚不成熟。通常孩子一歲前會對拿湯匙產生興趣，三歲前能用湯匙吃飯喝湯，若超過三歲還是不穩定，可能需要評估是否有其他生理或心理狀況。

孩子和大人一樣，若被要求執行的工作太困難而有能力的限制，也會產生想逃避的想法和行為。

建議爸媽可以從協助孩子提升能力開始。以吃飯寫字為例，讓孩子練習使用剪刀剪東西、摺紙、玩黏土等，當孩子的小肌肉穩定度提升，基本能力增加後，事情會變得容易許多。

❷ **孩子的專注力：** 通常在幼兒園，吃飯時間唯一的任務就是吃飯。當全部同學都進行同一件事情時，也能幫助孩子更專注在當下的任務上。

反觀家中，吃飯時間是所有人都在專心吃飯，還是有其他家人在滑手機、看電視或忙工作呢？當孩子看到其他人的表現時很有可能分心，跟著想要玩玩具、聊天或看電視，甚至也會要求家長餵食（這樣孩子自己才可以做其他事）。因此家長可能需要思考如何調整家中的用餐習慣，讓孩子學習專心吃飯。

❸ **家人的態度：** 爸媽也可以觀察家人對於孩子吃飯採取的態度為何。有的家人可能覺得孩子自己吃飯太慢了，傾向由大人餵飯，但是孩子卻容易因此養成依賴的習慣，認為餵自己吃飯是大人的責任，久而久之，連帶影響孩子的責任感。

如果是這種情況，建議先和家人討論出一致做法。若孩子已經養成習慣，要改正或許有些難度，家長要先做好戒斷期的心理準備，期間孩子可能會有些情緒，準備好用溫和堅定的態度與孩子一起面對。

貼心提醒

當孩子一進步立即鼓勵，即使他只是願意自己拿起湯匙挖了三口飯，立即的鼓勵有可能讓他願意挖下第四口飯喔！

GAME 01 彩色沙遊

時間＊40分鐘

目的＊❶透過自製遊戲材料的過程，培養孩子的專注力。
❷運用生活常見素材的組合進行藝術創作，提升孩子的遊戲動機及創造力。
❸透過遊戲設計，讓孩子有機會使用湯匙進行創作，提升手部熟練度。

材料＊鹽巴（一公斤裝一包）、各色粉筆或粉彩條、塑膠袋或其他可重複使用的容器（如保鮮盒或小碗）、剪刀、湯匙、大臉盆

遊戲開始 START

❶請孩子用湯匙挖出五湯匙的鹽巴放到塑膠袋或碗裡，可以使用孩子平時慣用的湯匙。

❷將裝有鹽巴的容器放在面前，協助孩子用剪刀輕輕的、慢慢的從粉筆或粉彩條上刮下粉末，直接刮在裝有鹽巴的容器裡，這時可以提醒孩子要專心看著自己手上正在進行的工作。

❸接著用湯匙攪拌，讓顏色粉末和鹽巴充分混和在一起。粉末越多，顏色越深越鮮豔，反之則越淡，可以請孩子自己調出喜歡的顏色，也可以混合不同的顏色。

❹重複步驟❷直到鹽巴用完，或做出想要的顏色為止。

❺這時孩子已經做出了各種顏色的色沙，再來可以邀請孩子用湯匙將色沙舀到大臉盆裡，進行小規模的沙灘創作囉！

❻遊戲結束後，只要將色沙倒進馬桶沖掉，或者用溫熱水沖進排水孔就可以囉！

TIPS

彩色沙遊的創作過程需要耐心和專心，通常孩子會因為好玩而耐著性子做下去，這時爸媽可以肯定孩子的專心和持續。同時也建議爸媽在一旁觀察孩子的狀況，如果孩子在哪個環節操作困難，可以隨時調整作法。例如，孩子攪拌色粉和鹽巴時很容易灑出來，可能是力道太大了，這時可以請孩子練習輕輕的、小力的攪拌；也有可能是容器太小了，可以換個大一點的容器，或者將鹽巴倒掉一些。

GAME 02

杯子Do Re Mi

時間✳ 15～30分鐘

目的✳ ❶可以使用湯匙當鼓棒，增加孩子使用湯匙的興趣。
❷藉由模仿家長敲打出來的節奏，提升孩子的專注力。
❸讓孩子能夠自己設計出一款遊戲，提升自信心。

材料✳ 家裡各種不同聲音的玻璃容器等等，大概三至五個（若能力較好的孩子可以更多）

遊戲開始 START

❶準備好家中可以用湯匙敲出聲音的玻璃容器當作樂器。可以準備一個以上，並在其中加入不同高度的水。

❷讓孩子們自己決定要把這些「樂器」放在哪裡，以及怎麼擺放。例如，可以擺成類似像爵士鼓的樣子，也可以擺成一直線。讓孩子自行選擇把每一個樂器擺放在想要的位置上。

❸每人手中都有兩隻湯匙，一手一支。

❹**第一個玩法**：先讓一位家長敲出一小段簡單的節奏，例如：「搭、搭搭、搭、搭」，請孩子模仿敲出一模一樣的節奏。

可以從最簡單的節拍開始敲打不同容器，孩子必須記住大人剛剛敲打的容器順序以及拍子。

❺ 第一輪結束後換孩子當老師，讓孩子先打出簡單的節奏，由家長模仿。就算孩子打出一段很長的節奏，大人也盡可能地模仿，不需要有太多限制。

❻ **第二個玩法：**選擇一首孩子喜歡的音樂，使用湯匙鼓棒，讓孩子跟著音樂自由發揮的敲打這些「樂器」。

TIPS

設計節奏時，記得從孩子能夠做到的難度開始，孩子才有信心挑戰更難的節奏。創作節奏時，大人不需要給孩子太多的設限。如果孩子的節奏很亂，家長沒有辦法模仿，我們可以笑笑的說：「天啊！你設計的太難了，媽媽真的不會，可以簡單一點嗎？」讓孩子從中理解要如何體貼他人的狀態。

年齡

5-6 歲

Q7

與孩子長時間待在家，如何引導孩子安排自己的時間？

和孩子長時間相處，孩子總是要求我幫他做這個做那個，讓人分身乏術。該如何和孩子說明爸媽在忙，讓孩子練習安排自己的時間或獨處呢？真是兩難。

由於社會環境與工作型態的改變，家長待在家的機會與時間大幅增加，親子間的相處也變多了。相對的，孩子自己也多出更多時間和「自己」相處。

這對習慣學校作息的孩子來說有多不容易呢？想想看，在學校，有規律的上下課鐘聲提醒他們各種學習活動、午餐、點心時間。而現在多出來的時間，似乎讓孩子感到無所適從。此時，如何讓孩子學習和自己相處？妥善利用空閒時間呢？我們可以這樣做：

❶ 如同學校課表一樣，和孩子一起歸納每天的時段，可以搭配學校既有的線上課程，規劃屬於自己的時間表，重點是和孩子一起討論。

❷ 和孩子一起將活動分類，再列出細項。建議可以分為四大類，例如：①學習類（與學校學科

有關）、②休閒類（與肢體活動有關）、③自主學習類（與自己想做的活動有關，可以是看電視或玩遊戲）、④家庭類（需要爸媽陪伴的親子活動）。

❸ 爸媽和孩子依據自身狀況和時間，把活動分別填入時間表中。並且和孩子打勾勾約定，必須對自己的決定負責任。在此也建議每天的時間表中，盡可能地將不同類別的活動平均分配，避免家長或是孩子因為從事一項特定類別的活動而疲乏。

❹ 設定好時間表之後，爸媽仍需要在建立習慣的第一～二週陪伴在孩子身邊，一方面隨時調整活動分配，二方面給予孩子「獨立學習、自主學習」足夠的安全感和榮耀感。

❺ 爸媽可以依據狀況，選擇每月或每兩週調整一次活動表。也可以在每晚睡前，和孩子聊聊今天做了哪些活動，並且給予鼓勵，讓他們知道，學會自我管理時間是一件很棒的事情。

五～六歲的孩子，正值需要建立自我管理時間、自我掌握情緒表達的黃金關鍵期，藉由規劃能力的練習，讓孩子的能力大大升級！

GAME 01 今天誰當家？

時間＊30分鐘

目的＊❶利用角色扮演，讓孩子體驗需要承擔的責任、任務和基礎能力。

❷培養孩子規劃、執行、調整的靈活度，讓即將進入自主學習和自我管理建立期的五～六歲孩子更加獨立。

材料＊角色籤、獎勵卡、命運卡（這兩樣物品皆可用卡紙／圖畫紙、彩色筆完成）

遊戲開始 START

❶**製作角色籤**：畫出想要的角色。可以從生活中常見的、孩子感興趣的人物開始。例如爸爸、媽媽、小孩、老師、超商店長、水果店老闆等。

❷**製作獎勵卡**：需要包含評分區、讚美欄、貼紙／印章區三大部分。

❸**製作命運卡**：命運卡共有狀況題、沒事pass兩大類。狀況題可能是意外的發生（打翻果汁、突然下大雨）、驚喜（優惠特價、中獎）、突發狀況（必須維持安靜、不打擾對方）等選項。

❹由爸媽其中一人先抽籤，決定「當家」是什麼角色，例如爸爸抽到「水果店老闆」，今天當家的就是「水

果店老闆」。

❺ 身為水果店老闆，需要準備些什麼呢？可能要先把水果分類、擦拭貨架、擺放水果，貼上標籤和價格、整理店面……。這些部分爸媽帶領孩子一起討論規劃，若需要，可以邊討論邊把步驟寫下來或是畫下來。

❻ 活動開始，假設媽媽帶著孩子去買水果，在購物前需要做哪些規劃呢？列清單？準備多少錢？除了水果還需要買什麼呢？

❼ 走進水果店，開始購物囉！遊戲中，請孩子抽取一張命運卡，看看會抽到什麼狀況以及如何解決。

❽ 活動結束後，爸媽可以和孩子討論今天的遊戲如何？大家是否有為自己的角色盡到該有的任務？以此進行評分（1~10分）和讚美。大家也為今天的「當家」給予貼紙／蓋章（點數可以自己決定）的獎勵。

TIPS

透過遊戲，讓孩子建立規劃能力，並且進行有邏輯的安排，最後再發表心情感受。透過這樣親子之間的學習互動，建立孩子逐步管理情緒，自我約束的基礎能力。

GAME 02

創意組合畫

時間＊30分鐘

目的＊❶運用事先準備好的素材，協助孩子在自由時間（自己的時間）實現創意。
❷透過提示，協助孩子學習規劃與實踐計畫。
❸透過事前的共同準備和活動後的討論，促進親子溝通和互動。

材料＊小張紙卡數十張（約名片卡大小）、原子筆、圖畫紙、彩色筆或其他繪畫用具

遊戲開始 START

❶**事前準備**：家長和孩子一起天馬行空發揮創意，在每一張紙卡上寫下想到的名詞，可以是動物、植物、物品等，並在上面編號，例如：①小狗、②斑馬、③爸爸、④媽媽、⑤帽子、⑥椅子等等。

家長引導時可以帶著孩子想想看過的繪本、影片，或者是和孩子輪流腦力激盪想想彼此喜歡的東西並寫下來。

❷**孩子獨立進行**：由孩子抽籤決定創作的內容，假如第一張抽到③爸爸，第二張抽到⑤帽子，就要把抽到的兩張內容結合起來創作成一張畫，例如：爸爸戴帽子。

❸視孩子的狀況增加抽籤數量，鼓勵孩子結合更多不同的組合。

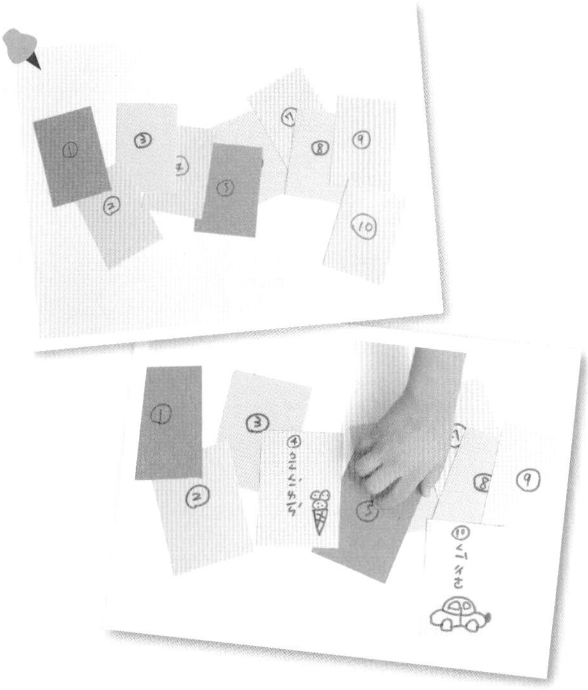

❹ 若孩子一開始無法獨立進行遊戲，爸媽需要適時給予引導和協助，這時可以直接隨機喊幾組數字的組合，如①③⑤⑦⑨，讓孩子去尋找和思考可能的組合。

❺ **事後討論**：爸媽陪伴孩子一同欣賞完成的創作，並從中創作故事，例如：「爸爸想要買一頂新帽子，他騎著家裡養的斑馬到商店……」，鼓勵孩子盡情發想，提升孩子的創意和自信。

TIPS

爸媽有時候可以在閒暇時間，陪伴孩子設計如同上述的遊戲或者遊戲素材，經過幾次陪玩之後，讓孩子知道爸媽相信他有能力自行創作，並給予這樣的機會。往後當爸媽短時間內無法陪伴孩子時，便可提議讓孩子自行創作，或是設計遊戲給自己和家人一起玩，這樣也能幫助孩子有自信的規劃時間！

年齡

3~4歲、5~6歲

Q8

如何避免讓父母的情緒影響孩子？

每當需要和孩子長時間相處時，我就很容易對他們不耐煩或生氣，孩子的情緒似乎被我影響變得起伏不定，該如何改善這個狀況呢？

安定自己的身心是需要練習的，透過練習能更快覺察到自己的需求，進一步調整，爸媽可以試著這樣做：

❶ **自我覺察**：留心自己的感受一點都不簡單，但可以透過練習提升自我覺察力。

首先，可以從十分鐘練習開始。將練習時間設定為晚上六點的晚餐時間，有意識的留意自己從六點到六點十分之間的所有想法跟感受。

我們的腦袋可能會閃過無數想法：「天哪，小孩怎麼吃那麼慢」、「待會我還要收拾，還要做家事，一堆事情」、「我有關瓦斯爐嗎？要去檢查一下」……這時只要留意自己有這些想法就好，不需要批判。

❷ **傾聽情緒的聲音：**一般人有情緒時，會習慣想到他人或外在環境對自己造成的影響。

例如不耐煩時，首先想到的是：「他（孩子）明明自己說要吃麵的，現在又愛吃不吃的，早知道就不要買⋯⋯」，或是「開會超沒效率的，幹嘛還要開，煩死了⋯⋯」這些都是很快速很自然的反應，但對當下並沒有幫助，只會讓自己陷入負面情緒的循環當中。當我們能覺察自己的想法時，便能將當下的情緒「標的」出來，例如：「好多事情要做，我現在覺得很不耐煩。」「標的」出情緒後，問問自己怎麼了？此時的「我」想要怎麼做？而不是去注意他人如何影響了我。例如：「我現在覺得不耐煩，可能是因為『我』太累了，『我』想要休息。」

❸ **針對情緒告訴我們的訊息思考並行動：**比如，當我不耐煩是因為累了想要休息時，我可以做的行動有哪些？

①去睡覺，如果孩子年紀夠大或許可以溝通，如果孩子年紀還小可能有困難，所以②請孩子幫我抓抓背，或和孩子一起聽音樂，甚至是③呼叫後援，還有④其他方式可以嘗試。

如此一來，我們就是在針對自己的情緒處理，也就是自我照顧。習慣了這樣的方式之後，比較不會被情緒控制，對孩子做出無意義的爭吵和責罵了。

❹ **回到孩子身上：**處理完自身的情緒或自我照顧之後，別忘了回到孩子身上，和孩子分享自己剛剛怎麼了？例如：「媽媽擔心工作做不完，所以覺得很煩，不知道該怎麼辦，所以當你（孩子）跟我講話的時候，我沒有耐心聽完，後來我發現原來我是需要休息一下了，謝謝你願意等待媽咪休息完再和我說話。」

GAME 01

心情電台留言機

時間 ✳ 30～40分鐘

目的 ✳ ❶ 幫助辛苦的爸媽照顧自己。

❷ 讓孩子知道大人跟他們一樣，也會有自己的情緒，也會有各種心情。

材料 ✳ 我的心情歌單、我的心情留言小卡（兩者皆可使用小紙卡製作）

遊戲開始 START

❶ 家長經由檢視自我將心情做出分類，可能有：焦慮心情、喜悅心情、哀怨心情、憤怒心情、興奮心情、煩躁心情、難過心情、沮喪心情等，回想自己在不同心情下喜歡聽的歌曲，為每種心情建立一份歌單。

❷ 將分類好的歌單建立在習慣使用的影音產品中，像是手機、筆電等。

❸ 如同心情歌單一樣，我們也可以把心情小卡分類，不同顏色的小卡代表不同心情。大人可以在空閒時，為當下的心情寫一句話。句子沒有任何限制，想要正向的，叛逆的，宣洩的，都可以，都是屬於自己的作品。

❹ 收集好心情小卡和歌單後，爸媽可以在想要休息或是想要對自己說話時，利用心情小卡抽籤，看

看自己所寫下的心情留言，也為自己點播歌曲。

例如，今天有點沮喪，就從沮喪心情的小卡中抽出留言，並打開沮喪歌單為自己點播歌曲。

❺ 確認自己可以從這樣的方式中得到紓解後，爸媽可以邀請孩子加入，與孩子一起聽聽音樂，甚至跟孩子們說說某一首歌所傳達的故事。

TIPS

情緒的轉變與感受的產生，都是我們擁有的特色與能力，並非為人父母就必須抹除這些變化，因此遊戲過程中，鼓勵爸媽自己學習照顧自我，也鼓勵孩子體諒並同理情緒的出現，任何的情緒都是可以被允許的、是安全的。

GAME
02 聽聽心在想什麼

時間 ❋ 30分鐘

目的 ❋ ❶找個時間讓自己沉澱下來，試著聽聽自己想說什麼。❷給自己一個專注回到自己身上的時間，不帶任何批評的，溫柔的善待自己。

材料 ❋ 一首沒有歌詞的紓壓輕音樂、色筆、畫紙、筆

遊戲開始 START

❶ 先決定要用文字或畫畫表達心中浮現的想法，如果想要兩種一起使用也沒問題，依照自己當天的感覺選擇即可。

❷ 將自己安頓在桌子前，在椅子上調整好一個舒服的姿勢。

❸ 放一首想聽的音樂，把注意力放在自己的呼吸上，專注在呼吸通過鼻子的感覺上，專注在氣吐出去的感覺。

❹ 這時腦中會有很多想法跑出來，都沒有關係，可能會看到一些圖像、畫面或字詞出現。請將它們畫下來或寫下來。

❺音樂結束時，我們也隨著音樂結束這些文字或繪畫。如果覺得還需要更多時間，可以將音樂重複播放，繼續書寫或作畫。

❻等到自己可以停止書寫或作畫時，將眼睛閉起，再把注意力回到呼吸，感受一下吸氣跟呼氣通過鼻腔的感覺，慢慢張開眼睛。

❼仔細看看自己的作品，有沒有什麼是自己覺得好奇的？有沒有什麼是突然發現的？「對耶！我真的有這種感覺耶！」

❽如果可以，邀約孩子一起參與，一起分享作品，用輕鬆聊天的方式把這份感覺跟孩子分享，也可以聽聽看孩子從你的作品中看見了什麼、孩子有沒有跟你一樣感受的時候。

TIPS

做這個活動時，無論自己寫了什麼或畫了什麼，都不需要急著批判自己，讓自己有一個很安全的空間跟時間，好好把注意力回歸到自己身上，好好聽聽心裡的感受。

與孩子一起進行活動，除了更貼近彼此，也能讓孩子在潛移默化中學到面對情緒的技巧。

年齡

3~4歲

Q9

進入幼兒園前，孩子需要先練習哪些能力呢？

三歲半的孩子，明年即將要去幼兒園了，為了避免他進入幼兒園後能力不足造成心理陰影，大人應該做些什麼呢？

三歲半的孩子主要就是透過遊玩學習各種能力，進幼兒園前甚至幼兒園階段，比較建議讓孩子有更多的時間遊戲及探索，透過遊戲訓練大小肌肉的發展和各種表達能力，而不是太過認真的教導孩子認字及寫字。我們可以在遊戲中嘗試這樣做。

❶ **玩出手部能力：**家長可以藉由搓、揉、捏等動作，例如搓一搓黏土、捏一捏球、揉一揉麵粉團練習手部功能的發展，避免孩子在寫字能力的銜接上挫折太大。

❷ **親子共讀：**經由不同的故事主題，讓孩子們在認知學習上有不同的體驗。挑選繪本時，可以先從孩子喜歡的元素開始。例如，如果孩子喜歡動物，就從適合年齡的動物繪本開始。也可以找一些跟上學、交朋友、老師等相關的繪本跟孩子一起共讀，讓孩子先了解學校的生活會有哪些內容。

③人際互動：去幼兒園之前，可能很多孩子還不習慣長時間跟其他孩子相處，免不了會有一些人際關係的問題。

例如，孩子是獨生子女，大部分物品都是歸自己所有，但到了幼兒園會有很多時間需要跟別人共享、等待或輪流。所以去幼兒園之前，我們可以多給孩子一些分享的經驗。

除此之外，也可以帶著孩子一起練習排隊等待，或是帶孩子去公園玩，一方面藉機讓孩子有多一些的人際互動經驗，一方面也可以觀察孩子跟其他孩子的互動情況。如果發現孩子想跟其他孩子玩卻不知道如何互動時，爸媽可以給孩子一點方法，例如，帶著孩子一起去問問其他小朋友能不能一起玩呢？

無論得到的答案是可以還是不可以，這都是人際關係的一部分，不用擔心孩子被拒絕。被拒絕時，我們可以跟孩子說：「沒關係，我們下次再一起玩，今天我們可以先自己玩，或是你想再找其他小朋友玩嗎？」

有了正向經驗之後，就算被拒絕，孩子也比較不會因此而對人際互動感到害怕。當然，每個孩子的個性不同，有些孩子天生外向，有些孩子比較內向，順著孩子的天性發展，不需要逼著孩子一定要做些什麼。在孩子需要時給予一點小小建議，讓他願意嘗試新的方式，自然就會累積很多相關的經驗了。

GAME 01

小小朋友逛超市

時間＊30～40分鐘

目的＊❶透過剪貼遊戲，訓練孩子的小肌肉靈活度。
❷觀察超商的廣告單，提升孩子的觀察力與遊戲動機。
❸讓孩子練習使用剪刀和膠水等學校常用工具，奠定入學之後的基礎和自信心。

材料＊超商廣告單、剪刀、膠水、彩色筆、圖畫紙或各種顏色紙張（用來當拼貼底色）

遊戲開始 START

❶和孩子一同瀏覽超商廣告單，聊一聊彼此喜歡吃哪些東西？對哪些玩具或文具有興趣？

❷用彩色筆在紙上畫出一個大購物車或者大購物籃（輪廓就好，跟紙一樣大的一個長方形）。

❸請孩子用剪刀將有興趣的物品剪下來，再用膠水貼到購物籃裡，物品之間盡量不要重疊。

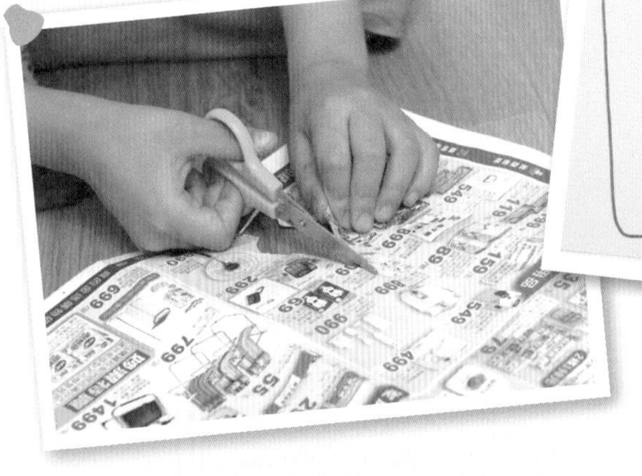

❹ 提醒孩子要留意剪的物品大小是不是可以放進購物籃裡，如果放不下可能就是物品本身太大，或者是剪得太大了需要再修剪喔。

❺ 孩子完成剪貼之後，再由爸媽擔任結帳的店員假裝算錢和收錢。

TIPS

基本上，兩歲以上的孩子就可以開始練習使用剪刀了，一開始訓練孩子使用剪刀時，爸媽可以提醒孩子剪刀的使用原則，「坐著用剪刀，放下再走路」。並且注意孩子的使用習慣。

另外，如果孩子對畫圖有興趣，也可以請孩子將物品畫下來，再用剪刀剪下來貼到購物車裡。購物車也可以用其他顏色的紙張當底色，例如黑色購物車效果也很棒喔！

GAME 02

拼拼貼貼故事卡

時間＊30分鐘

目的＊讓孩子具備更多的模擬經驗，以面對未來有可能遇到的狀況。

材料＊圖畫紙、彩色筆、海報紙、魔鬼氈、剪刀

遊戲開始 START

❶ 學校可能發生的問題，大致包含以下三種主題：①生活自理（上廁所、吃東西）、②人際互動（輪流、排隊）、③口語表達（需求表達）。選定一個想要練習的情境主題，例如人際互動題。下課時，想要和其他小朋友一起玩的時候，可以怎麼做呢？

❷ 利用一張張的紙卡，將以上情境中會出現的人物（自己、其他小朋友）、場合（教室或遊樂場）、狀況畫出來，就像四格漫畫一般。例如：在第一張紙卡上，畫出下課時間的教室，第二張紙卡是其他在一起玩積木的小朋友，第三張紙卡是是孩子走近其他小朋友，第四張是大家一起玩積木……等。

❸ 畫好後，爸媽協助孩子將情境和故事內容一格一格剪下來，並在圖片背面貼上魔鬼氈。

❹ 準備一張海報紙，將魔鬼氈的另外一面貼在海報紙上（每個魔鬼氈之間需要留下距離，避免圖卡重疊）。

❺ 貼好順序後，邀請孩子一起說出故事。例如：「小朋友下課時走到其他孩子旁邊，邀請其他孩子一起玩積木。他們一起蓋了一棟很棒的房屋，此時鐘聲響起準備要上課了，大家一起收拾好玩具，回到自己的座位上。」

❻ 爸媽可以依據孩子現有的需求，將需求加入到故事圖卡中（例如，老師我想尿尿、老師我肚子痛），讓故事更有臨場感。也可以將畫好的圖卡弄亂順序，讓孩子自己試著拼出正確順序。

TIPS

孩子進入不同學習場合後一定會有磨合期，進入幼兒園之前，可以在親子活動中加入訓練的主題，讓孩子事先模擬，未來適應環境時更有信心。

年齡 0~2 歲、3~4 歲

Q10 如何讓孩子在玩樂之餘，也能學習表達、情緒等能力？

家裡分別有一歲和三歲的小孩，兩個孩子都很喜歡畫畫聽歌，除了看電視之外，有哪些活動可以促進孩子的肢體、表達和情緒能力，同時又寓教於樂呢？

一歲和三歲的孩子無論在語言表達能力、認知理解能力，或是大小肌肉成熟度上都有很明顯的不同，因此應該先了解不同階段孩子的能力發展，再思考如何讓兩者結合互動。

❶ **一歲孩子的能力發展：**這個階段的孩子著重探索，包含視覺、觸覺、味覺、聽覺和嗅覺，所以家長可能會看到孩子把玩藝術媒材，像是吃顏料、啃彩色筆、摸紙、玩筆蓋等等，都是符合孩子年齡的表現。

對一歲的孩子來說，學習顏色和形狀的表徵都還太早了，他們需要的是能運用到身體各部位的探索活動，因此與其在孩子拿黃色彩色筆時告訴他那是黃色，不如鼓勵孩子摸摸看筆管，告訴他那是硬硬的感覺。

❷三歲孩子的藝術能力發展：這個階段的孩子能夠認得顏色和形狀的表徵，他們能夠告訴你他們畫的是什麼（但你不見得看的出來），也期待你的回饋。因此陪伴三歲孩子時，除了表現出你的興趣之外，還能透過詢問孩子人事時地物，鼓勵孩子表達自己，而避免用大人的角度去猜測他們的創作。

❸一歲和三歲孩子的藝術遊戲：一歲的孩子比較偏向自己去探索有興趣的物品，或許會看看哥哥姊姊在玩什麼，並且對他們手上的東西感到有興趣。

而三歲的孩子會期待玩伴對他們有所回應，他們也對自己的創作較有想法和執著，因此對他們來說，弟妹的行為經常是有破壞性的，像是為了搶哥哥姊姊手中的筆，而不小心撕破了哥哥姊姊的創作等行為。

了解到兩者的不同之後（一個是想要探索，一個是想要創作），家長們應該也較能夠知道孩子在意的是什麼，並給予協助。

GAME 01 畫中有畫

時間＊20分鐘

目的＊❶透過引導，讓不同年齡層的手足享受一起遊戲的樂趣，增進情感。
❷透過繪畫遊戲，訓練手部小肌肉，提升孩子的創意思考力。

材料＊畫紙、彩色筆或蠟筆

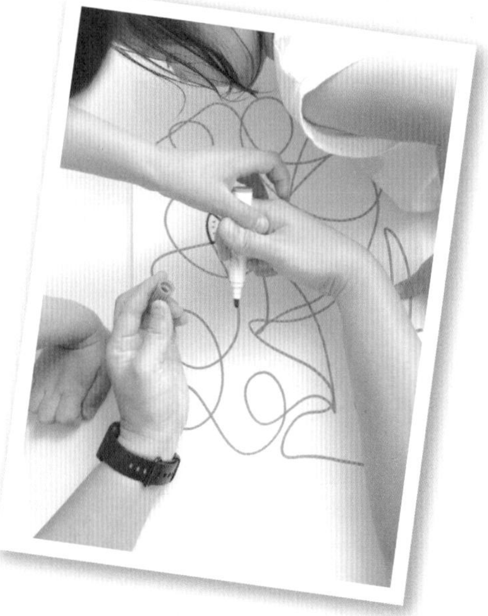

遊戲開始 START

❶請年紀較小的孩子先挑選一隻彩色筆或蠟筆，盡量避開畫在紙上不夠明顯的顏色。給孩子大約一分鐘的時間在畫紙上盡情塗鴉，鼓勵孩子揮舞手臂，畫出很多的線條、波浪、圓圈。

❷一分鐘時間到，請孩子停下來，再邀請哥哥或姊姊從弟妹畫完的塗鴉中尋找圖案，有時候可能是需要發揮想像力才能看到圖案，例如從一堆線條中看到一個氣球的形狀，請孩子用另一個顏色將他看到的圖案輪廓描出來。

❸如果爸媽發現孩子對於尋找畫中的圖案很感興趣，也不是那麼困難，可以請孩子一口氣多找幾個，甚至增加一點難度，讓較小的孩子或爸媽也加入尋找的行列，用輪流的方式看看誰可以找到最多圖案。

❹再來，可以讓兩個孩子交換角色，讓較大的孩子先隨意塗鴉，再讓弟弟妹妹從中尋找圖案，這時弟弟妹妹不見得要將圖案描繪出來（看孩子的年紀和發展表現，兩歲前的孩子可能較有困難），可以讓他們試著用手指出來和說說看。

❺最後，爸媽和孩子可以利用遊戲中產生的作品們，試試看說出一個簡單的故事。若孩子語言表達上有困難，也可以出爸媽示範給孩子們聽。

TIPS

上述的遊戲不只適合手足一起參與，爸媽或其他家人也很適合一起同樂喔！

GAME 02

我是變色龍

時間✳ 30～40分鐘

目的✳ ❶ 變色龍多變的角色及聲音，讓孩子感受到不同情緒的樣貌。

❷ 透過故事及聲音的情境，讓孩子更加認識不同情境。

❸ 音樂互動與聲音創作能協助孩子表達自己的想法，引導創造力。

材料✳ 色筆、畫紙（一人四張）、家中鍋碗瓢盆（不會破的物品）、閒置或要回收的紙類、家中閒置的塑膠袋

遊戲開始 START

❶ 在畫紙上，跟孩子一起畫出變色龍的輪廓（先不要加上表情）。一開始，如果孩子沒有信心畫出變色龍而要家長幫忙，家長可以協助孩子畫出變色龍。也可以在畫之前問問孩子，他想像中的變色龍是什麼樣子的？如果孩子通過口語描述出來之後就能自己畫，那就讓孩子自行畫出變色龍；如果孩子沒信心，家長也可以先幫忙把輪廓畫出來。

❷ 家長也畫出自己的變色龍輪廓。

❸ 從最容易被討論的情緒「開心」開始，幫變色龍畫上開心的樣子。

❹ 接著問問孩子，變色龍開心的時候會發出什麼聲音或是叫聲呢？可能會怎麼唱歌呢？變色龍開心的時候，可能是使用唱歌的方式，或是利用敲打家中鍋碗瓢盆的聲音、揉一揉塑膠袋，撕紙等等，為變色龍配上開心的聲音。

❺ 畫出變色龍開心的樣子並且上色，再幫變色龍配上主題曲或聲音。

❻ 依此類推，從最基本的開心、難過、生氣接下去，當孩子的能力越來越好時，可以加入其他的情緒，例如失望、嫉妒等等。

❼ 最後跟孩子一起討論，這些變色龍會出現在什麼樣的情境裡呢？

例如，今天跟爸爸媽媽一起去海邊玩，我們玩沙堆城堡，這樣的感覺是什麼呢？這時就可以讓孩子從剛剛畫好的變色龍中選擇，符合堆沙堡心情的變色龍。

❽ 其他的情緒依此類推。

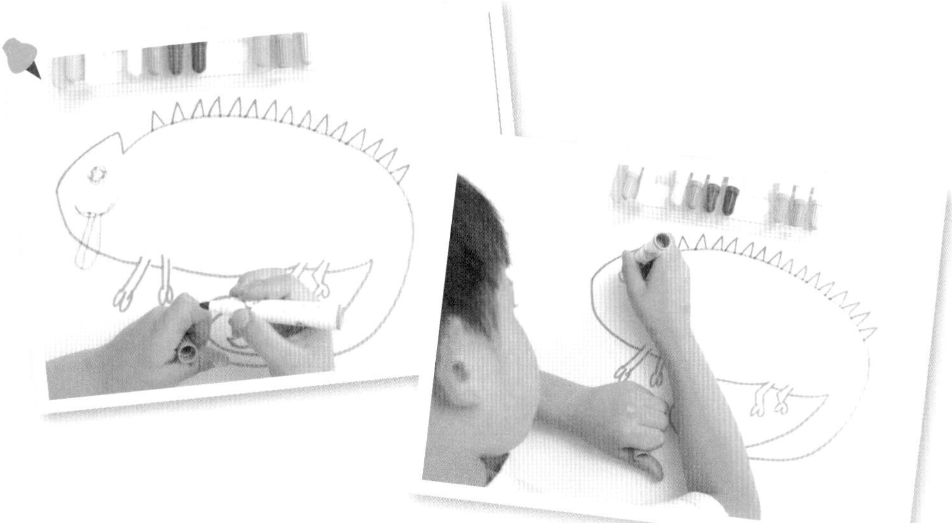

GAME 03

聽聽看，這是什麼感覺？

時間 ❋ 30分鐘

目的 ❋ ❶ 透過音樂活動，讓家長跟孩子有更多時間與空間一起討論聽到的音樂會帶來什麼感覺。

❷ 藉由聲音、繪畫及肢體創作，引導孩子的創造力。

❸ 專注的感受音樂並表現出來，引導孩子能擁有更多口語及非口語的表達能力。

材料 ❋ 選擇幾首較有起伏的樂曲（大約五分鐘）、畫筆、圖畫紙、大張壁報紙

遊戲開始 START

❶ 讓孩子從家長選好的幾首歌曲中，聽聽每首歌的感覺，並選出自己比較喜歡的音樂，或者孩子想從網路上自己挑選音樂也可以。

❷ 每人準備好畫筆跟一張畫紙，當音樂開始時，便在自己的畫紙上創作，專心聽著音樂的感覺，跟著音樂一起畫畫。

③畫完後，大家一起分享剛剛聽見了什麼，畫了什麼。

④看著自己畫的圖搭配上音樂，可以用肢體動作將畫作表演出來。表演完之後，也可以互相用肢體演繹出對方的畫。

⑤全家人也可以嘗試共同創作，選擇一首歌曲，大家在一同在大張壁報紙上創作。

⑥創作完成後，輪流分享在同一張紙上畫畫跟自己畫有什麼不同的感覺，也分享剛剛畫了些什麼東西。

⑦創作時，盡量不要太干涉孩子，讓孩子們盡可能的想像和表達，如果孩子不太理解該怎麼做，家長可以先示範。

TIPS

要讓三、四歲的孩子表達出自己的負面情緒是較困難的，因為在平常與大人的互動中，孩子們認知到負面情緒好像是件不對、不好的事情，所以當爸媽詢問孩子什麼時候會覺得不高興時，他們可能會回答：我很高興啊，沒有不高興。這時可以利用情境發問，例如：「上次同學把你的玩具弄壞，你有一點生氣的感覺嗎？」利用發生過的事情跟孩子討論，但盡量不要在孩子生氣的當下一直追問「你為什麼要生氣？」也不要因為孩子表達自己的負面情緒而嚴厲斥責。想想看，我們是否也經常會表現出自己的不開心呢？既然連我們都會有想表達負面情緒的時候，更何況是孩子們？

GAME 04

小怪獸來襲

時間＊20分鐘

目的＊❶了解不同年齡層孩子的能力，並引導其合適的玩法。

❷透過引導，讓手足有機會站在對方的角度去玩遊戲和思考，培養同理心。

材料＊積木或畫圖（準備紙、筆）

遊戲開始 START

❶遊戲開始前，先和孩子討論不同的家庭成員會喜歡什麼樣的玩法？例如：「猜猜看，爸爸會喜歡玩哪種遊戲呢？媽媽呢？姊姊呢？弟弟呢？」引導孩子思考不同的人會有不同的喜好很正常。而年紀不同，也會因為能力的限制有不同的玩法，例如，可以跟哥哥或姊姊討論：「小 baby 會怎麼玩積木呢？你覺得他喜歡拿積木敲敲敲或蓋房子呢？」

❷一開始，由孩子擔任搞破壞的小怪獸，爸媽擔任畫家（準備紙、筆）或是建築師（準備積木）。

❸以下因所需材料不同，分為兩種情境說明：

・**小怪獸VS畫家**：畫家利用紙筆在紙上快速創作，例如：畫一棟房子，接著由小怪獸進行破壞。

Action！小怪獸出場，搭配吼叫聲，看到一棟好漂亮的房子，就想要搗蛋把房子摧毀（邀請孩子把畫紙從中撕成兩半）。

・**小怪獸VS建築師**：建築師利用積木蓋一棟高樓，接著由小怪獸進行破壞。Action！小怪獸出場，搭配吼叫聲，看到一棟好高好高的大樓，就想要搗蛋把大樓摧毀（邀請孩子把大樓推倒）。

❹ 作品被摧毀的畫家（建築師）好傷心，因此小怪獸決定要幫忙修復作品。接下來，請孩子將撕成兩半的畫紙拼回去，或請孩子將大樓扶正，若大樓倒塌就幫忙蓋回去。

❺ 大家都知道小怪獸貪玩，他只是需要學會和別人一起玩的方式，因此需要多一點耐心。也可以明確地告訴小怪獸如何加入遊戲，例如：「如果小怪獸你想要一起玩，可以幫我拿一塊積木放在這邊嗎？」

❻ 角色交換，這次由孩子擔任畫家或建築師，爸媽擔任小

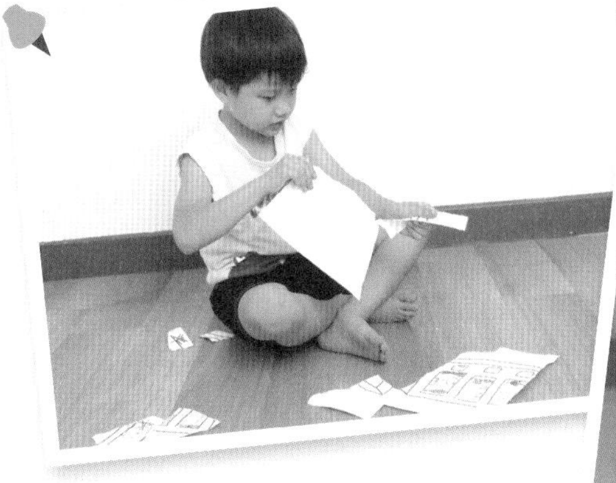

怪獸，再玩一次，或者由兩個孩子分別飾演兩個角色。

7 最後，遊戲結束後和孩子一同討論擔任不同角色時的想法和感受，引導孩子去思考他人的感受。

TIPS

遊戲時，爸媽可以營造出誇張的演戲氣氛，比如用誇張的口吻說：「我是畫家，我要畫一棟全世界最漂亮的房子！」引導孩子進入故事情節。

倘若孩子不願意破壞作品，可以由其他家人與孩子一同演出小怪獸。而破壞的程度，也可以依照孩子的狀況調整，譬如改為將畫紙對折、揉成球等，最後再陪著孩子將作品復原，並鼓勵孩子站在他人角度思考。

上述兩種玩法雖然是針對有手足的家庭設計的，不過也很適合家中只有一寶的家庭，同樣可以透過遊戲步驟和孩子進行討論和遊戲，由爸媽擔任孩子的互動對象，更能增進親子感情。

PART 2 學校環境篇

孩子即將要帶著在家中習得的能力，展開踏入社會的第一步——學校生活。開始要與家庭以外的人員互動，孩子能否跟得上，同儕互動中又會擦出什麼火花⋯⋯，此時的「狀況題」比起家中又更複雜了一點，所幸大人依舊可以透過遊戲與孩子對話，協助孩子一同好好面對。

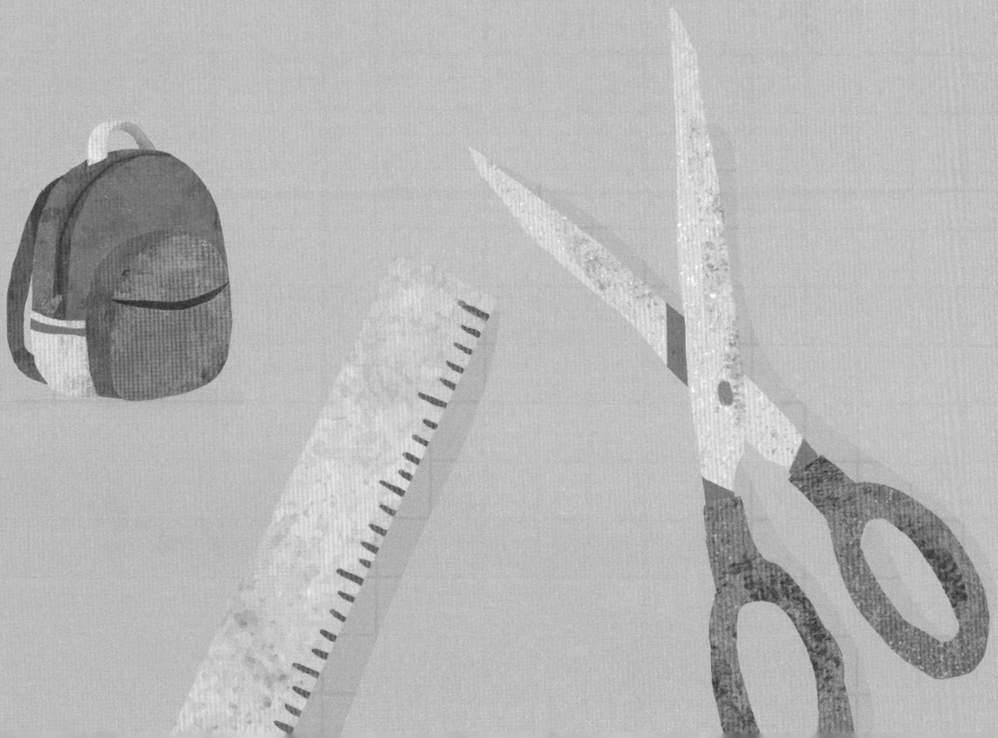

年齡
0~2 歲

Q1 孩子上幼兒園前總是上演大哭戲碼，怎麼辦？

有些孩子剛入學時，每天上學前總會哭得唏哩嘩啦，和爸媽上演十八相送的戲碼，但是大人一離開後就恢復正常，請問這是什麼原因呢？該怎麼緩解孩子上學前的哭鬧呢？

每個孩子的先天氣質，會在面對分離情況時有不同反應。有些孩子因為家長要離開教室而焦慮到崩潰，但也有些孩子第一天上課就開心的跟家長說再見。先天氣質並沒有對與錯、好與壞，可能與生理、生活環境、家庭背景等因素相關，所以引導孩子時，記得理解並接納孩子的狀態，也避免使用威脅及批判的方式。

與孩子一起循序漸進的嘗試，協助孩子和新環境建立關係。面對分離焦慮，如果好好引導，是可以慢慢改善的。

一般來說，學齡前的孩子會經歷兩個分離焦慮的階段。

❶ **第一次分離焦慮**：大概會在六個月到一歲之間，這時孩子的記憶力越來越好，當他們開始能分辨主要照顧者與陌生人的不同時，便會對陌生人有些害怕，也可能會有些逃避的反應。孩子開始會害怕或擔心平時照顧他的人消失不見，這時分離焦慮就會隨之發生。

❷ **第二次分離焦慮**：大概會落在一歲至一歲半左右。大部分孩子的分離焦慮會表現在這個階段，但也會因為穩定的依附關係帶來安全感，讓孩子的能力成熟而慢慢改善。

此時期的分離焦慮，大約在兩歲到三歲時會逐漸下降，孩子也更能獨立探索及體驗環境。將近三歲時，分離焦慮的表現會逐漸緩和與減少。但是，如果在面臨分離時會有太過強烈的焦慮、害怕等情緒，並且持續四週以上，也明顯的干預到生活，這時就可能需要找尋專業人員評估。

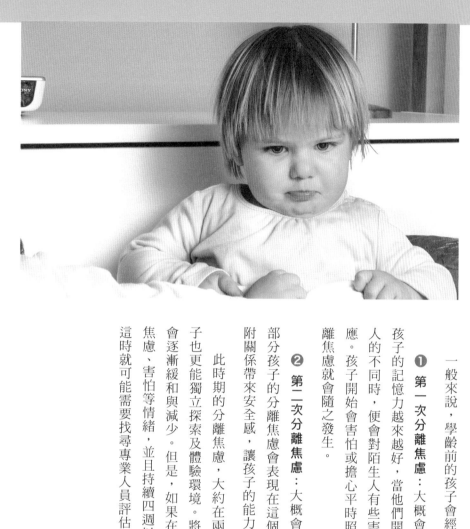

遊戲帶領

GAME 01

逛逛幼兒園

時間＊20～30分鐘

目的＊❶陪伴孩子有系統的認識、了解校園環境、硬體設備，以及可能遇到的人際狀況。

❷透過角色扮演、製造情境的方式，和孩子事先模擬幼兒園生活，緩解焦慮。

材料＊大型紙箱、圖畫紙、彩色筆、剪刀、雙面膠

遊戲開始 START

❶找機會先帶孩子去幼兒園走走，在常使用的地點或環境拍照（教室、遊樂設施、孩子會玩的玩具等）。

❷與孩子一同欣賞照片，並討論學校有哪些空間（教室、廚房等）、設備（遊樂園、桌子、白板等）呢？陪孩子在紙上畫出來。若孩子還無法畫出具體實物，可以請孩子協助畫上簡單的幾何線條。

❸設定一位主角並取名，這位主角將會帶我們去參觀學校。爸媽可以幫孩子在紙上描繪出一個人型輪廓，讓孩子自己畫上人物的表情和五官。

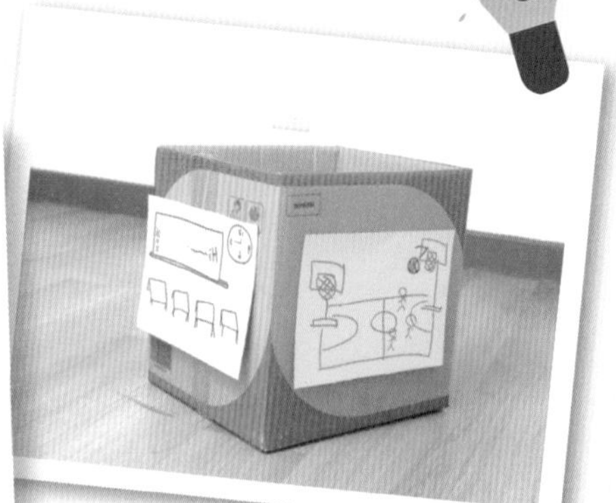

❹將畫好的圖畫剪下來（列印照片也可以），一一貼在大紙箱上。帶領孩子利用貼紙、畫筆布置裝飾環境。

❺完成後，就要進行校園的一天囉！爸媽可以一邊移動主角進行角色扮演，依據孩子在學校一天中會遇到的實際狀況作為故事腳本，說出故事或情境示範。例如：「今天小美要去上課，」媽媽帶著小美移動到了校門口，媽咪對小美說：「小美，看看時鐘，長針到了數字四，媽咪就會來接你喔。」「進了學校後，找找看小美的教室在哪裡呢？小美找到教室了！」、「在學校要做些什麼呢？」……利用事先模擬，和孩子扮演預習上學的過程，帶著孩子體驗上學的各種情緒（包含不喜歡上學的情緒）。

❻若是用大紙箱作為模擬幼兒園，孩子想躲進紙箱，也可以體驗一下在紙箱裡的感覺。

TIPS

陪伴孩子一起認識、適應學校環境，透過模擬經驗的累積，孩子會逐漸建立自己的適應模式。爸媽也可以鼓勵孩子，在遊戲過程中說說自己的感受和情緒喔！

GAME 02

我的小小守護神

時間＊20分鐘

目的＊❶透過家長與孩子合力創作守護神（過渡性客體），讓孩子能隨身攜帶，幫助自己降低焦慮。

❷透過有趣的創作遊戲，協助孩子舒緩環境轉換的壓力，提升自信。

材料＊圖畫紙、蠟筆、顏料或手指膏、水彩筆（可有可無）、剪刀

遊戲開始 START

❶與孩子一同製作減緩焦慮的「守護神」。爸媽先用蠟筆在圖畫紙上，畫出一個巴掌大小的人型輪廓（包含頭、手、腳）。

❷邀請孩子用顏料或手指膏幫人物畫上頭髮。讓孩子用手指沾手指膏，在紙上點畫，或是使用水彩筆也可以。邊畫畫時可以邊引導：「這是媽媽，媽媽的頭髮是長長的還是短短的？」

❸接著，繼續引導孩子畫出五官和衣服，可以讓孩子用手指頭點出媽媽的洋裝、眼睛、鼻子、嘴巴等。此時，畫作不講求精確度，重點是孩子的參與度，參與度越高越能提升孩子的自信。

❹ 如果孩子覺得有趣，可以視情況邀請孩子多畫幾個人物、喜歡的動物或卡通人物。同樣由大人先將輪廓畫出來，再讓孩子上色裝飾。

❺ 人物畫好後，用剪刀沿著輪廓剪下來。作品可以額外加工，例如護貝或是用膠帶包起來保護。

❻ 詢問孩子明天想要帶哪一個人物去學校？每天可以選擇不同的角色陪他一起上學。藉由親子一起製作的守護神告訴孩子：「雖然爸媽沒辦法一起去上學，但都陪在你身旁。想念爸媽時，可以看看你畫的爸爸媽媽，放學的時候我們又會再見面了。」

TIPS

上述遊戲雖是設計給零到兩歲的孩子，但也適合年紀大一點，與家人分離和上幼兒園會焦慮的孩子。

另外，如果上述活動對年紀太小的孩子有困難，家長也可以準備孩子喜歡的安撫物（安撫巾、娃娃），將主要照顧者（媽媽或爸爸）的小飾品（媽媽的髮圈等）綁在安撫物上，用這個安撫物陪孩子玩小遊戲或是說故事，之後讓孩子帶著安撫物上學。

年齡

3~4 歲

Q2

想和孩子聊聊學校生活，孩子卻不願意多說一點，怎麼辦？

每次放學後詢問孩子：「今天在學校好嗎？」得到的回應總是很片段，或是只有「好啊！」、「還可以」的答案。若希望孩子多分享一點學校生活，大人可以怎麼做呢？

有時大人可以判斷一下，這樣的狀況是因為孩子尚未具備足夠的語言能力，還是家中沒有足夠的空間讓孩子表達想法，導致他避口不談。例如孩子不小心做錯事時，家長的反應如果是立刻斥責，孩子有可能因為擔心被罵，下次就不敢說了。

聊天時孩子的反應，與我們問的問題、什麼時間問，以及家長的態度都有關聯，爸媽可以怎麼做呢？

❶ **明確具體的問題**：三～四歲兒童的述說與分享技巧是需要練習的，面對語言表達能力尚未足夠的孩子，如果能用更明確的問題提問，或許能得到更多答案。

例如：「可以跟我分享今天在學校學到的一件事嗎？」、「今天學校有沒有什麼事讓你開心大笑或難過大哭呢？」、「如果讓你選擇，你想跟誰坐在一起呢？不想跟誰坐在一起呢？為什麼？」、「如果現在你是老師，你第一件事情想做什麼？」諸如此類，開放且有主題性的問題。

想想看你希望孩子和你分享的事情是什麼，再思考如何問問題，或許可以得到想要的回覆！

❷ **當一個好聽眾**：與孩子談論事情時，建議放下手邊的事情或手機，好好對話，讓孩子感覺到你的專注，而非只是例行問候。

有時在對話中加入一些自己的經驗或小故事，也是另一種聊天方式。但切記不要過於興奮說個沒停，或一直打斷孩子的話，否則久而久之，孩子也不想多分享了。

❸ **最佳時機**：找一個適當的時間點聊天。有時候孩子下課累了，不一定有心情聊天，適當休息後，再找時間與孩子好好聊個十至二十分鐘，效果可能會不一樣。

除了聊天，也可以在遊戲中與孩子溝通互動，使用多元媒材讓孩子覺得更有趣，例如藝術媒材、音樂媒介、故事書、桌遊等，說不定也能獲得更多！

GAME 01

嘰哩呱啦接龍大賽

時間 ✻ 30分鐘

目的 ✻ ❶父母的示範和提示能協助孩子練習整合事件背景、發生順序、歸納結果、自我感受等技巧。

❷讓孩子在輕鬆氣氛中練習組織情境結構，培養語言表達的邏輯性與穩定性。

材料 ✻ 彩色卡紙、彩色筆、Ａ４紙板、貼紙（可選擇孩子喜歡的圖案或點點貼紙）

遊戲開始 START

❶由爸媽帶領孩子一起討論製作題目卡，不同顏色的紙卡代表不同主題。

例如，粉紅色紙卡的主題是食物，那麼就在每一張粉紅紙卡上畫下食物：水果、甜點、飲料……；藍色紙卡的主題可以是玩具、黃色紙卡是動物等等。爸媽也可以將想和孩子分享的主題放入遊戲中。

❷ 每人一個 A4 紙板作為個人獎勵卡。每完成一次故事接龍之後，即可計分鼓勵。

❸ 遊戲開始，由爸媽先抽題目卡並說出故事。例如，爸爸抽了一張畫有草莓的粉色題目卡，爸爸回答：「我最喜歡的食物是草莓，每次一有草莓，我都會和家人一起吃。」

❹ 接下來，由爸爸指定下一個人的卡片顏色，由下一個人繼續故事接龍，故事中必須包含上一個人的故事內容。例如，爸爸指定孩子是藍色，孩子抽到樂高後說：「爸爸喜歡草莓，媽媽買草莓回來，他都會邊吃邊和我玩樂高。」依此類推，第三位參賽者的創作必須包含前兩人的故事。

❺ 當所有人都完成第一輪接龍後，把所有卡片拼成一條直線。例如，草莓、樂高、冰淇淋共三張卡片，爸爸必須把卡片串聯起來編成一個完整的故事。下一輪遊戲就由下一位參賽者為所有卡片編故事。爸媽可以依據實際狀況給予孩子協助。

❻ 所有人都輪流過後，即可在對方的獎勵卡上用畫畫、貼紙、讚美的話進行計分獎勵。

TIPS

爸媽可以用遊戲培養孩子口語表達的能力，經由家長示範，讓孩子累積聽覺經驗與建立表達的意願，在沒有壓力的情況下，增進口語能力以及親子間的默契。

GAME 02 你說我畫

時間：30分鐘

目的：
❶透過說故事，讓孩子有機會看到其他人的學校生活。
❷通常要孩子分享自己的經驗是比較難的，因此透過互動遊戲和藝術創作，提供孩子一個能安全述說、想像和解決問題的分享機會，用旁觀者的角度描述他的所見所聞。

材料：和學校生活相關的繪本、圖畫紙、彩色筆或蠟筆

遊戲開始 START

❶與孩子共讀一本和學校生活相關的繪本，例如《露露愛上學》、《我要去幼兒園》、《殼斗村的幼兒園》等。

❷爸媽可以在紙上先畫出一間大學校的簡單輪廓，一邊和孩子討論：「這是學校，你覺得像嗎？」若孩子覺得不像，可以問孩子：「還要再加點什麼呢？」孩子邊說爸媽邊畫，也可以邀請孩子一起畫。

❸接著問孩子：「學校裡有些什麼東西？」孩子邊說，爸媽邊畫。若孩子願意可以一起畫，鼓勵但不強迫。

❹ 再問孩子：「學校裡有什麼人呢？」畫人時，可以請孩子多描述這些人的外型，有沒有戴眼鏡、頭髮的長短等。再來問問孩子，這個人通常會出現在學校哪裡呢？在學校做什麼？會說什麼話？同樣的，爸媽邊聽邊畫，要不然一連串的問題孩子可能就要招架不住了。

❺ 畫完幾個重要人物（老師、學生）之後，就可以跟孩子一起講故事囉！

由孩子選中一個主角，並幫他取名。

由爸媽開始說故事：「露露今天到學校的時候，看到……，」爸媽可以先描述圖畫中的東西或人物，情節再請孩子填空。例如：「露露看到老師站在教室外面，正在＿＿＿＿（停頓，等待孩子接下去）。」若孩子無法接龍，請爸媽先隨意發揮，到下一段情節再用同樣方式停頓，等待孩子接龍。

❻ 爸媽和孩子一起合作講完故事。故事完成後，可以和孩子聊聊喜歡故事裡的哪個人物或情節？有沒有看過類似的事情發生？如果是你，你會怎麼做？

TIPS

遊戲進行時，不需要特別強調畫中是誰的學校，順著孩子的想像力畫就可以了。很多時候，孩子會自然地把自己的經驗套用到故事創作裡；但若孩子只是重複曾經讀過的故事或改寫，那也很好。這類練習可以幫助孩子描述學校裡的生活，或許下一次他就能分享自己的學校生活囉。

年齡

3~4歲

Q3

在學校遇到問題時，孩子無法清楚表達，怎麼辦？

孩子的基本對話沒問題，但自從上了幼兒園後，孩子有時回家會說他被同學撞、被搶玩具，但詢問細節時卻無法有頭有尾的述說整體狀況，這時該如何引導或幫助孩子呢？

進入幼兒園階段的孩子，開始需要面對各種不同狀況，包含適應新學習環境、學習和同儕相處、適應獨立進食和生活自理、學習如何溝通與互動表達……，對於孩子如何順利表達自己在學校發生的事情，我們可以這樣試試看。

❶學校中的事件主題，一般來說，可以分為①**生活自理**（如廁、吃東西、穿脫衣物以及整理書包等），②**人際互動**（交朋友、分享玩具、輪流或遵守規則等），③**情緒管理**（想念家人、害怕上學、人際衝突，或是對於學習任務的逃避等），爸媽可以依據實際狀況，選擇一項想跟孩子分享的主題。

❷由父母先示範分享自己的上班經驗，建議由正向／美好的經驗開始。

在過程中需要交代完整的人物、地點、時間、事件、結果，以及自己的感受，讓孩子習慣完整的表達模式。

❸ 邀請孩子給予評論，也就是問問孩子：「如果你是爸爸，你也會覺得這件事很開心嗎？」等待孩子學會表達後，再請孩子說說自己在學校發生的事情。

❹ 建立良好親師溝通管道，藉由學校老師的訊息，了解孩子在學校發生的好、壞事件。

貼心提醒

三～四歲的兒童，在對話的維持與主題的延伸上比較需要協助。所以日常對話中，家長可能會覺得孩子對於話題的仔細程度較不穩定，說話內容也常忽略一些重要訊息。

藉由父母建立分享與聆聽的習慣，會讓孩子在學習表達時有一個穩定的基礎與模板，也奠定樂於分享與良好互動的親子關係。

GAME 01

太陽拼圖

時間 ✻ 30分鐘

目的 ✻ ❶ 三～四歲兒童的許多情緒正在萌芽階段，透過像拼拼圖一樣的視覺遊戲，協助孩子表達情緒時能更加完整。

❷ 一邊遊戲，一邊為孩子建構述說技巧中的串聯性和邏輯性。

材料 ✻ 厚紙板、剪刀、彩色筆、透明膠帶

遊戲開始 START

❶ 爸媽可以從①**生活自理**（食、衣、住、行、衛生）、②**人際互動**（學校、戶外、家庭）、③**情緒管理**（喜、怒、哀、樂），學校最常遇到的三大主題中，選擇一項想跟孩子分享的主題。

❷ 帶領孩子一起選擇紙板顏色。選定後，在紙板上畫出一個代表太陽圓心的圓形，以及五個代表太陽光芒的形狀。

❸ 將圓心與光芒剪下。因為使用的是厚紙板，如果孩子願意嘗試，爸媽可以在安全情況下鼓勵孩子自己剪剪看。剪好後，將

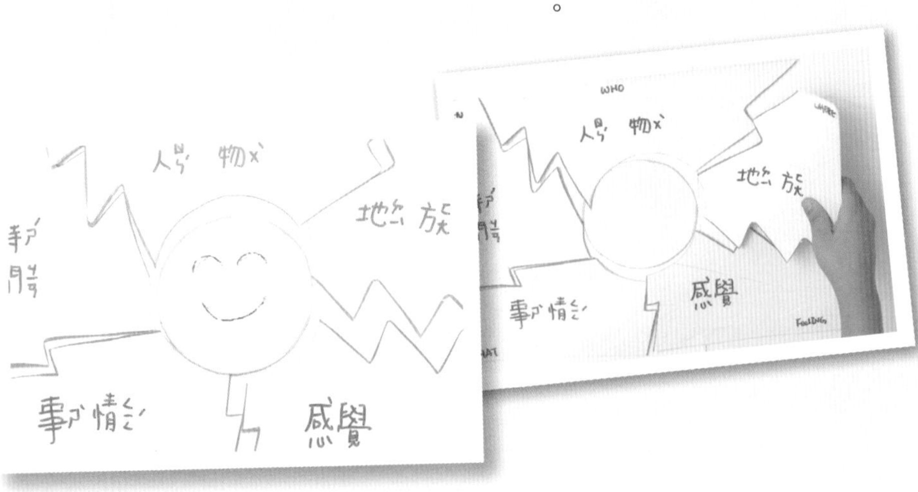

透明膠帶貼覆在厚紙板上，方便遊戲時寫字。字跡可以用酒精擦拭，重複使用。

❹ 所有拼圖製作完成後，爸媽可以先示範如何完成拼圖。

首先，先決定主題，將想分享的主題寫在圓心中間。例如，爸爸想分享情緒主題的「喜」，便在圓心裡寫上開心或畫上笑臉。

❺ 再將每個故事都會包含的人物、時間、地點、發生事件、結局（感受），五大部分分別寫在五道光芒上。

❻ 由媽媽抽取第一片光芒拼圖，抽到「發生事件」時，媽媽可以分享全家人一起去海邊玩的事情，例如大家一起堆沙堡、追海浪等，分享完後便可將第一道光芒拼上。接著換第二個人抽拼圖，針對去海邊玩的主題進行不同分享，直到太陽拼圖完成。

❼ 等待太陽拼圖完成後，負責開啟話題的爸爸需要記住所有人說過的內容，並把故事完整地說一次。

TIPS

拼圖的完整視覺圖能讓孩子利用視覺線索，提醒自己表達時缺少了哪一個部分，以遊戲的方式逐步建構表達的完整性。

GAME 02

生活音樂罐

時間 30～60分鐘

目的
❶ 讓孩子學習不同的感受（依照年齡能力慢慢增加不同感受）。
❷ 藉由創作藝術、故事及音樂，為孩子提供說話的管道，在一個有趣且安全的狀態下，表達心裡的想法。
❸ 協助孩子將語句講得更完整，找到更貼切的描繪方式。

材料 數個沒有使用的罐子（回收罐即可）、色紙、貼紙、色筆、畫紙、雙面膠

遊戲開始 START

❶ 跟孩子一起想想看，人會有哪些情緒或感受，例如開心、難過、緊張、害怕、擔心、生氣等。看看大家可以一起腦力激盪出幾個（包含正向及負向感受）。
❷ 跟孩子討論，在哪些情況下會出現這些感受呢？確定孩子理解這些心情代表的意義。
❸ 每一種感受搭配一個小罐子，讓孩子自行選擇如何搭配。
❹ 選好後，依照孩子對這個感受的感覺，來設計罐子的樣貌。可以用色紙、貼紙、圖畫或其他媒材，例如紙膠帶、棉球等，為罐子設計樣貌。

❺所有罐子都裝飾好後，引導孩子一起腦力激盪，哪些狀況下可以跟這些罐子分享自己的心情呢？例如，跟朋友一起去公園玩很開心，可以將這份「開心」的心情跟罐子分享，這些罐子就像自己的秘密樹洞一樣，可以傾訴各種情緒。

❻接著，為每個罐子找到它們專屬的聲音，專屬的聲音可以是一句歌詞、一整首歌，也可以只是個聲響。

例如，開心罐子的聲音是〈生日快樂〉這首歌，憤怒罐子的聲音是雷聲，興奮罐子是〈王老先生有塊地〉裡的歌詞「有塊地」等。

❼每個罐子都有了專屬聲音，我們要開始跟孩子一起編故事囉！故事可以是真實發生過的事情，也可以是想像中有可能發生的情況。

當故事裡出現罐子對應的情緒或感受時，就可以搭配專屬聲音為故事配音，一起把故事完成。

TIPS

講故事時盡量讓孩子自行發揮，當家長不確定孩子要表達什麼時，可以重複一次孩子的話，問問孩子，爸爸媽媽聽到的是不是正確的。當孩子在闡述每一個狀況帶來的感覺時，爸爸媽媽如果覺得有什麼不太確定的，也可以幫孩子慢慢釐清，千萬不要自己幫孩子下定義喔。

年齡
3~4 歲

Q4

孩子因為情緒容易激動，比較難交到朋友，怎麼辦？

四歲的孩子，在幼兒園的人際關係不是很好。他和其他小朋友玩的時候會動手推人，面對其他孩子反應也不理會。大人反覆教過孩子如何和同學相處，但這樣的狀況還是很常發生，怎麼辦？

四歲的孩子，大部分已經具備表達感覺和訴求的能力。但有時狀況一急，孩子無法用言語表達時可能就會動手，或用哭泣表達情緒。若頻繁發生，除了讓老師頭痛之外，家長也會擔心孩子的人際關係，因此建議家長觀察及思考一下可能造成孩子困難的原因，再協助解決。原因可能有以下幾種：

❶ **口語表達能力不足**：一旦有狀況發生，口語表達能力較弱的孩子無法順利表達出自己的想法時，就比較容易動手。家長平時可以陪孩子練習在幼兒園常見的幾種狀況（例如，同學動手搶玩具時，可以大聲喝止或告訴老師等），遇到類似的情況時可以如何反應，讓孩子事先反覆練習，將會有助於進步。

❷ 情緒覺察與表達能力不足：孩子平時的表達能力不差，溝通也順利，但只要情緒一來就很難處理。

首先，孩子無法準確地表達情緒，可能是對情緒的認識還不夠多，說不清楚自己當下的感受是什麼？此時，爸媽可以用「情緒配音」，幫孩子說出感覺及因果關係，例如：「拿不到那個玩具讓你好難過喔！」、「你看起來好生氣，眼睛瞪得好大，你真的很不喜歡別人說你沒做好。」等。

孩子因為聽到你幫他表達出感受，而知道自己怎麼了，也感覺被同理了。知道情緒從何而來、如何表達後，便不會那麼容易被情緒綁架。

處理孩子（或者他人）的情緒時，用「我知道……」開頭的句子，會比「你應該……」開頭的句子還讓人能接受。例如：「我知道你和大家一樣都很想要玩那個玩具」會比「你應該要等前一位小朋友不玩時再玩」，更讓孩子覺得被同理；而當孩子感覺被同理了，情緒也就較容易緩和。

❸ 衝動控制能力不足：觀察孩子平時是否有難以等待的情況，像是排隊、輪流、聽別人說話等，對孩子來說是否有點困難？若孩子有類似狀況，可以找一些適合練習衝動控制的遊戲陪孩子練習，像是桌遊、繪本、畫圖等等，使用孩子有興趣的方式才能事半功倍。

家中也可以搭配獎勵制度，協助孩子練習控制自己的衝動。當孩子嘗試控制自己的衝動時，父母立即給予孩子鼓勵。例如，平時孩子會忍不住插話，但今天忍住了，父母可以馬上肯定孩子的忍耐，如此孩子會發現自己的努力有被看到，進而持續努力。

遊戲帶領

GAME 01 123扮鬼臉

時間＊30分鐘

目的＊❶透過簡單的遊戲方式和反覆練習，提升孩子的衝動控制力。

❷引導孩子學習觀察他人的表情和反應，進而練習同理他人。

❸藉由遊戲中的討論，家長能了解孩子的人際狀況，進而協助孩子表達。

材料＊無

遊戲開始 START

❶先和孩子玩一次簡單版的１２３木頭人。

由孩子當木頭人，爸媽當鬼，請孩子在房間的這一端，爸媽在房間的另一端就定位。爸媽背對孩子數：「１２３木頭人」，當爸媽轉過身時孩子要定格，由爸媽檢查是否為標準的木頭人（靜止不動）。

❷多玩幾次，期間可以交換角色，等孩子也熟練了後，再增加難度。

❸增加遊戲難度。這回由爸媽當木頭人，告訴孩子數完１２３木頭人轉頭時，要注意木頭人（爸媽）的臉部表情，並猜猜看是什麼表情？或者是什麼樣的感覺？例如：傷心難過的表情、開心的表情、悶悶不樂的感覺等。

❹爸媽可以視孩子的反應調整難度，如果孩子答對了，就交換角色（木頭人↓↑鬼）。

❺當孩子能掌握表情的變化後，再加入肢體動作。一樣由孩子先當鬼，依據木頭人的表情和動作，猜測木頭人的感覺和情境，例如：「木頭人看起來在生氣，手舉高高的好像要打人。」

❻引導孩子思考可能發生了什麼事？曾經在哪看過這樣的表情和動作？

TIPS

遊戲可以分為四種難度：①１２３木頭人，練習孩子的衝動控制能力；②猜表情，讓孩子練習留意他人的反應；③猜動作，讓孩子試圖猜測和同理他人的感受和想法；④生活連結，協助孩子連結自身曾有的經驗。

家長可以依據孩子的年紀、發展和反應逐漸增加難度。

GAME 02

我是鼓王

時間 ✲ 20～30分鐘

目的 ✲ ❶ 藉由音樂節奏遊戲，讓孩子得到一個適當的宣洩管道。
❷ 透過打鼓的方式，讓孩子學習衝動控制及控制力度。

材料 ✲ 任何鼓類樂器、枕頭、各種桶子、各種保鮮盒、各種紙箱等不同聲音的媒材、兩根木棒或鼓棒

遊戲開始 START

❶ 跟孩子一起尋找適合的媒材當作樂器（鼓組），例如家裡的抱枕、買東西時寄來的紙箱……。

❷ 讓孩子將這些「樂器」擺放成他心裡想像的鼓組位置。但輪到家長打鼓時，家長也可以任意調整到自己喜歡的位置。

❸ 讓孩子試著敲敲看所有東西的聲音。另外也可以試試看大力敲紙箱，看看紙箱會不會壞掉呢？如果敲太小力，枕頭會不會沒有聲音呢？

❹ 一起選擇想要使用的音樂，任何歌曲都可以。孩子選擇一首，家長也各自選擇一首，接下來用輪播的方式播出。

❺其中一個人先當鼓手，一個人負責當ＤＪ操控音樂。家長當鼓手時，可以邀請孩子擔任操控音樂的角色，讓孩子有當領導者的感覺。

❻音樂播放時，鼓手必須隨著音樂打鼓。音樂停鼓手就跟著停下，音樂變大聲就跟著變大聲，音樂變小聲時跟著輕輕敲，鼓手必須跟隨操控音樂者的方式打鼓。

❼透過遊戲，可以跟孩子討論許多問題。

例如音樂的聲量：「多大聲的時候會讓你感覺不舒服呢？」或者「音樂太大聲了，媽媽覺得不舒服。」藉由當下的實際感受，培養孩子的同理心。

也可以詢問孩子：「當你生氣時，你會怎麼打鼓？」、「如果很開心你會怎麼打鼓？」甚至孩子生氣時，也可以問問孩子想不想打鼓宣洩情緒呢？

❽透過反覆練習，讓孩子能夠更自在的控制自己的身體，也可以跟孩子討論遊戲時的感受。

TIPS

在家敲打可能會造成某些噪音，所以也可以藉此提醒孩子，住家附近有很多鄰居，因此打鼓的音量需要依照周遭環境做出不同調整。

年齡

3~4歲

Q5

孩子在學校遇到人際衝突，進而影響上學意願時，怎麼辦？

幼兒園小班的孩子，有時會不想跟同學分享玩具，但同學會搶他的玩具，老師雖有處理，但孩子卻因此而抗拒去學校，爸媽可以怎麼鼓勵他？家長應該因為人際互動衝突，而不讓孩子去上學嗎？

為了讓孩子學習和他人分享、輪流使用，享受與他人一同玩樂的樂趣，有些幼兒園會有「玩具分享日」，或鼓勵孩子帶玩具和同學分享。

而既然是學習，我們也就能預期孩子這方面的能力不夠成熟，所以不願意分享、想搶別人玩具等情況，都是可預期的。爸媽可以從兩個部分來看：

❶ 不想分享怎麼辦？「分享」並不是與生俱來的能力，尤其對學齡前尚在自我中心的孩子更困難。要讓孩子學會分享，建議先讓他體會到分享的美好。例如，在孩子分享他的玩具／食物時，我們可

以立即且明確的鼓勵，讓孩子知道我們因為他的分享行為而開心。當孩子與同學分享玩具時，大人能明確指出分享的因果關係，讓孩子知道他願意分享玩具是「因」，同學因為他分享的玩具而開心是「果」，這也會讓孩子更加樂意分享。

但是，在孩子願意分享之前，我們也可以保留一點空間，讓孩子有選擇或決定分享的權力。例如，跟孩子一起選出願意帶去學校的玩具，不願意分享的玩具就先不要帶。

❷ 在校的人際衝突怎麼處理？處理問題之前，建議先同理孩子的感受，再尋找人際衝突發生的原因，處理起來會更順利。

若孩子與他人溝通時經常演變為肢體衝突，建議先檢視孩子的溝通方式，是否表達能力尚不足？若孩子的表達能力尚可，家長也可以與孩子演練學校會發生的情境，陪孩子一同思考是否有其他的應對方式。

貼心提醒

情緒與感受是較為抽象的概念，三～四歲的兒童要具體表達並不容易。但家長們也可以一同思考，孩子不想上學真的是因為人際衝突嗎？還是有其他可能？或許多問問老師、其他家人，甚至其他同學的家長，可以聽到一些不同的觀點。

遊戲帶領

GAME 01

心情溫度計

時間＊30分鐘

目的＊❶透過視覺化線索，包含表情、數字以及顏色，協助兒童練習將抽象感覺具體化。

❷遊戲時關注孩子的情緒變化，給予適當安慰，並陪同孩子一起釐清問題、解決問題，讓經驗成為孩子人際互動的養分。

材料＊半開海報紙，彩色卡紙、魔鬼氈、彩色筆、彩色膠帶

遊戲開始 START

❶先在海報紙上畫出一個大型溫度計。畫出溫度計度數，溫度由0分開始上升。度數可以以1分、5分或10分為單位，一般建議為10個間隔，也就是0～10分或是0～100分。

❷和孩子一同在卡紙上畫出代表自己的人物畫像，將四肢、衣著都畫出來。畫好後剪下，並且為人物命名，用魔鬼氈貼在溫度計旁。

❸每天早上出門前，爸媽和孩子一起審視自己當下的心情，在溫度計上用彩色膠帶黏上心情分數、為人物貼上表情。

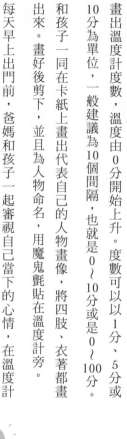

❹放學／下班回到家後，爸媽可以先和老師了解孩子的在校狀況。再和孩子一起審視當下的心情，同樣用彩色膠帶在溫度計上打上心情分數、為人物貼上表情。

❺爸爸媽媽帶領孩子一同分享心情分數的由來。例如，今天爸爸上班前很開心，分數有7分，但是下班變成了不開心的表情，分數變成3分。這是因為爸爸上班時和同事不愉快，心情有點不好，現在不想跟別人說話（因為幼兒園老師反映，孩子的玩具被同學搶走後，心情不太好不想和別人說話，因此家長以自己的分享作為示範）。此時媽媽可以問問孩子：「你的人物今天好像也是哭哭臉，分數也變少了，怎麼了呢？」

❻當孩子說出人物的心情和故事之後，爸媽可以引導孩子想想，有沒有能讓情緒變好的方式與策略？比方，大聲唱一首歌或是吃一枝冰淇淋。

❼唱完歌、吃完冰淇淋後，詢問孩子心情有好一點嗎？分數有上升一點嗎？此時，再陪同孩子一起討論如何解決令他心情不好的問題（但不需要直接帶入學校所發生的真實事件）。

❽遊戲結束，鼓勵孩子明天又是美好的一天，並讚美孩子能勇敢的說出故事。

TIPS

孩子在外的人際互動小劇場，也許家長無法直接介入，但給予孩子抒發的管道與陪伴，以及「引導」而非「指導」孩子，也能幫助孩子獨立思考與解決問題，更是另一種人際學習。

GAME

02

心情糖果罐

時間 ✻ 30～60分鐘

目的 ✻ ❶透過安全的遊戲，引導孩子輕鬆聊天。

❷透過糖果罐的創作與分享糖果，與孩子一起練習分享的喜悅。

材料 ✻ 保麗龍球數顆（不同大小）、彩色筆或廣告原料、開心的音樂、難過的音樂、生氣的音樂、緊張的音樂（任何不同心情的音樂）、一個裝得下保麗龍球的罐子

遊戲開始 START

❶跟孩子一起把保麗龍球做成糖果球。

用彩色筆或廣告顏料幫保麗龍球塗上一種顏色，代表一種情緒。例如，紅色保麗龍球代表生氣、藍色保麗龍球代表開心等等（此處請讓孩子自己決定情緒與顏色的搭配）。

❷接著，在球上加入其他裝飾。

比如在生氣的紅色糖果球上，加上一點不同顏色的圓圈，代表生氣裡還有一點難過；又或者在快樂的藍色球上加上許多愛心，代表快樂裡還有一些滿足……。試著帶入不一樣的情緒（請爸媽觀察孩子的能力後，再加入不同玩法），將每顆情緒糖果球畫完。

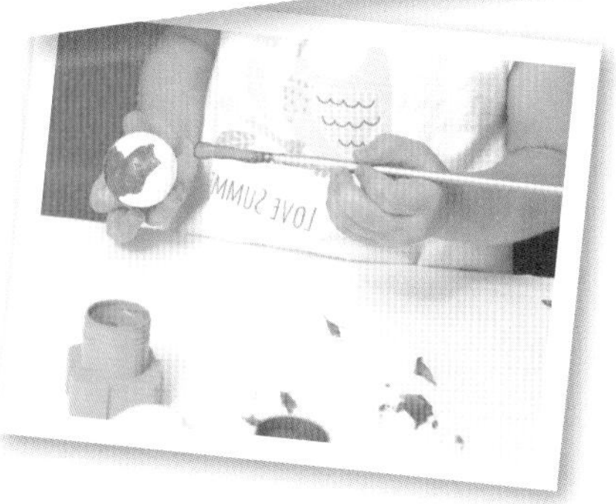

③全家可以一週找1～2個時間，不玩手機不看電視，專注聊天。每個人可以選擇一顆代表自己心情的糖果球，輪流分享今天發生了什麼事情。

④分享時，每一顆糖果球可以搭配不同的音樂，也可以運用音樂的歌詞討論。

⑤最後，我們將今天的糖果球與對方互換，等到下一次的糖果罐聊天室時再還給彼此。

TIPS

很多時候，跟孩子聊天並沒有非得要分享很內心的故事，我們每天設定一個時段，跟孩子簡單輕鬆的聊天，聊聊不同的主題。聊天時，盡可能讓孩子表達心裡的想法，家長先觀察，晚一點再說說自己的想法。但記得，如果希望孩子能夠多表達自己的想法，就不要給孩子太多限制喔！例如，不要很快否定孩子說的話。這樣久而久之，孩子就算想跟爸媽聊聊心裡的小劇場時，他們也會因為害怕而打退堂鼓。

年齡
5~6歲

Q6

當孩子在幼兒園有交友需求時，大人適合介入嗎？

女兒轉學到新的幼兒園大班，我知道她很想要交朋友，也想讓她快速適應環境，請問可以怎麼做？

五、六歲的孩子開始會選擇自己的玩伴及朋友，也較喜歡跟同儕一起玩耍。此時，孩子的觀察力、自我控制及獨立處事的能力越來越好，會自發性的組織團體玩遊戲。建議照顧者可以給孩子一點引導，而不是到學校介入，也盡量不要用大人的觀點直接給予建議。那我們該怎麼做呢？

❶ **認識孩子的特質**：每個孩子的天生氣質不同，有些孩子較內向，也想比較多，或許可以給孩子多一點時間，讓他們自己消化完後再決定要怎麼做。

❷ **孩子表達的方式不同**：有的孩子說自己沒有朋友，但照顧者去學校時，又看到孩子與同學玩得很開心。有時候，孩子對於「好朋友」的定義不太一樣，或許要到某個階段，孩子才會確認某個同學是他心目中的「好朋友」。

❸ **找出原因和解決策略**：孩子在校會遇到人際狀況，原因可能包含行為問題、情緒問題、表達及溝通能力不足等。照顧者可以從這幾個方向下手，孩子年紀雖小，但會從家中父母、親友、兄弟姊妹等，周邊人物的言行舉止觀察學習。所以若家人有互相攻擊、大吼大叫的漫罵等等，都會是孩子們學習模仿的行為。

❹ **透過遊戲學習**：對學齡前的兒童而言，玩遊戲是他們快速學習的其中一種方式。我們可以透過角色扮演，帶著孩子練習人與人的相處溝通與社交技巧，讓孩子理解到如何與人相處。從遊戲中讓孩子們學習分享、合作、輪流、競爭及解決問題等能力，對孩子社交能力會更有幫助。

貼心提醒

當孩子在家中透過遊戲重複練習社交技巧，並成為一種習慣時，就較能將這些技巧運用在學校場域。孩子不斷累積經驗並且歸納，把新學到的技能轉化到日常生活中，這才是我們最樂見的。

遊戲帶領

GAME 01
你拋我接創作大賽

時間 ✻ 40分鐘

目的 ✻ ❶利用延伸型的活動，鼓勵孩子體驗不一樣的共同創作。❷讓孩子從共同創作中練習觀察、體驗合作的感受。

材料 ✻ 全開壁報紙、圖畫紙、彩色筆、貼紙、印章、彩色膠帶、黏土、白膠、剪刀

遊戲開始 START

❶全家共畫一張圖畫紙，由爸媽和孩子選擇自己有興趣的創作材料，在圖畫紙上進行創作。創作類型沒有限制，可以畫上自己想畫的圖案，也可以黏上貼紙或黏土。

❷三分鐘後停下動作，一起欣賞每個人的第一階段創作（創作時間家長可自行調整）。欣賞完後互相交換位置，孩子可以選擇要為誰的圖畫接龍。

❸觀察看看對方的作品，可以加上什麼東西進而變成一幅畫呢？比方線條延伸、貼上貼紙、加上顏色等多種方式。例如，將幾

個點點連起來會變成一條長長的高速公路。

❹ 三分鐘之後，完成第二階段創作，再彼此交換一次位置（這一階段的時間家長也可以自行調整）。

❺ 三分鐘後停筆，原創作者可以用剪刀剪下想要的部分。

❻ 剪下來的區塊貼在全開壁報紙上，大家輪流分享對這幅拼貼的大作品感想。

❼ 為這幅作品取個名字、說個故事。過程中可以搭配任何音樂歌曲。

TIPS

結束遊戲後，父母可以鼓勵孩子以不同的視角看待共同遊戲、共同創作的特殊之處與樂趣，間接鼓勵孩子交朋友，體驗人際互動的不同之處。

GAME 02

好長好長的毛毛蟲

時間 ❋ 30分鐘

目的 ❋ ❶提升孩子分享學校生活的動機。
❷陪伴孩子仔細觀察與認識同學，降低孩子認識朋友的焦慮，提升自信。
❸運用藝術作品可保存及再次創作的特性，讓孩子能夠複習，也可以將新發現增加到作品中。

材料 ❋ 各色圓形自黏便條紙（或可用大顆圓形貼紙取代）、簽字筆或不要太粗的筆（要能夠在便條紙上寫2～3行字）、四開或八開圖畫紙、彩色筆或蠟筆、孩子班上同學的名單（非必要）

遊戲開始 START

❶爸媽先在圖畫紙邊緣處，畫上一個比圓形便條紙稍大的圓形，代表毛毛蟲的頭。在毛毛蟲的頭上寫下孩子的班級名稱，例如綿羊班、大象班。

❷請孩子挑一張喜歡的便條紙，寫上他的名字、班級座號（如果孩子會寫，讓他自己寫）。再寫或畫上1～2個對自己的描述，例如小名、個性、喜歡的事物等。寫好後，將便條紙貼在毛毛蟲的頭旁邊，當作毛毛蟲的第一節身體。

❸ 請孩子挑選第二張便條紙，寫上一位同學的名字和座號。爸媽可以引導孩子想想，對這個同學的印象是什麼？若剛開學不久，對同學不熟悉，也可以寫或畫下同學的外觀，如戴眼鏡、高高的等等，並鼓勵孩子之後仔細觀察這位同學的興趣喜好，回來寫在便條紙上，貼在第一節身體旁，作為第二節身體。

❹ 依此類推，邀請孩子將記得的同學名字、座號或小名寫在便條紙上。如果爸媽有班級名單，也可以協助孩子一起；沒有也沒關係，不一定要一次完成。

❺ 將寫好的便條紙串連起來，變成一條好長好長的毛毛蟲。再請孩子用他自己喜歡的方式幫毛毛蟲加上眼睛、嘴巴、腳和裝飾。

❻ 創作告一段落，爸媽陪同孩子欣賞作品，陪孩子一起找找班上有幾個人戴眼鏡？幾個女生？幾個人喜歡玩樂高？最後，將作品張貼出來，並鼓勵孩子多觀察同學，回家後再補上其他同學的部分。遊戲中的寫字段落可以由爸媽代勞，但挑選便條紙、串聯毛毛蟲身體，以及最後的裝飾，盡量鼓勵孩子自己完成，會更有成就感！

TIPS

毛毛蟲遊戲也可以用在想跟孩子討論學校生活時使用。像是可以詢問孩子，他有哪些好朋友？或是孩子想跟哪些人交朋友？在便條紙上寫下名字，貼在自己的便條紙旁。透過視覺化的提示跟引導，爸媽也更容易跟孩子討論喔！

年齡

5~6 歲

Q7

小孩在學校學了不文雅的詞語，大人該如何處理？

孩子上幼兒園後，學了很多像是「阿里巴巴大屁屁，放個臭屁送給你」這樣的話。若大人阻止，孩子則表示自己沒有在罵人。因為擔心孩子會帶壞弟妹，不知是否該跟學校反應？該如何處理孩子在學校的錯誤學習？

當孩子進入全新的學習環境後，爸媽會發現外在環境有許多資訊與互動方式，是和家庭有很大差異的。此外，孩子在學校中因為嬉鬧、調皮所學習的行為，再加上同儕之間的人際認同感，也是我們在家庭環境中無法給予的。因此，為了讓孩子在學校與家庭、同學與家人間不要有太多的「掙扎」、「選邊站」或「困惑」，我們可以這樣引導孩子。

❶ 向學校老師收集訊息，了解同學們都以什麼樣的方式開玩笑；或是孩子所說的特定玩笑言語，是否有代表的特定意義，找出屬於這階段孩子的「幽默點」。

❷ 當孩子出現如案例中的調皮言語時，爸媽可以問問他：「你會這樣說是因為你想要上廁所嗎？」、「你的屁屁怎麼了？」詢問目的只是要讓孩子知道，如果你想要表達特定事情，可以用大人聽得懂的話語表達。

❸ 父母一起製造一些較「文雅」的俏皮話，讓孩子知道這樣的遊戲方式也很酷，可以去學校和同學分享。

貼心提醒

五～六歲的孩子，很期待在同儕中得到認同與關注。因此，孩子會試著融入團體，也學習團體中的特殊互動、表達方式。爸媽可以採取開放包容的態度，給予更多的創意與觀察，和孩子一起體驗人際互動的課題。

GAME 01
自說自畫的小麻雀

時間＊40分鐘

目的＊❶透過遊戲，了解孩子在學校的流行語言、俏皮話，甚至是較為不文雅的話語。
❷一起用遊戲融入孩子的世界，間接讓孩子了解如何正確表達。
❸讓孩子了解被大家所接受的語言，以及如何有效的讓他人知道自己的想法。

材料＊中小型筆記本、彩色筆、獎勵印章／貼紙、彩色小紙卡

遊戲開始 START

❶爸媽可以先向學校老師了解孩子從學校帶回家的不雅用語、班上流行的俏皮話等代表的意義和情境。例如孩子愛說屁屁，可能是因為最近流行《屁屁偵探》的緣故。

❷和孩子一起用學校流行的俏皮話設定題目，並把題目畫在／寫在彩色小卡紙上。

❸每位參賽者抽出自己的題目，不能讓其他人看到。每個人必須依照「畫圖、文字、畫圖、文字……」的順序，在筆記本上寫或畫上提示。例如，哥

哥抽到「放臭屁」，但他不能直接寫或畫出正確答案，只能在第一頁間接畫出他的提示。

❹筆記本傳給第二個人。第二個人根據上一人的提示猜想答案，再把他自己的提示用文字寫在第二頁。例如，媽咪在第二頁寫上「放屁」。

❺筆記本傳給第三個人。第三個人可以依照一、二頁的提示，畫上提示。

❻每個人都傳完筆記本後，筆記本回到第一位抽題者手上。抽題者必須向眾人說明自己為何畫出這樣的提示。所有參賽者都要一一說明自己的提示由來。

❼最後公佈答案，每個人要在其他參賽者的筆記本上給予分數或回饋。

TIPS

透過遊戲，爸媽有機會了解孩子的思考模式，以及現階段孩子的流行語言，並且透過釐清和說明，讓孩子明白如何才能讓他人真正了解自己想要表達的意思，彼此成長，共同學習，會讓家庭氣氛更加有趣。

GAME 02

說書人來了

時間 ❋ 40～60分鐘

目的 ❋ ❶藉由角色扮演，讓孩子揣摩不同角色的心境。
❷透過遊戲的方式，引導孩子找到較適當的說話方式，並且在團體中使用。

材料 ❋ 扮演不同角色時的服裝跟道具、音樂播放器、各種類型的音樂

遊戲開始 START

❶先設定好一個三到五分鐘的簡短劇本，家長可以將孩子說過的不文雅詞句放進故事中。劇本不需要很複雜，但記得將重要的語句放進對話中。

❷爸媽其中一人擔任說書人。如果媽媽是說書人，那爸爸跟孩子就是演員。

❸說書人根據劇本台詞說書，演員則要依據說書人說的故事情節，做出符合的動作。
例如，說書人念到演員一的台詞：「小華說：我們一起去操場玩好不好？」此時扮演小華的人就要演出這句台詞的對應動作，比方邀約的動作、詢問的動作。
當說書人念到演員二的台詞：「小明說：我才不要跟你這個大屁屁玩（扮鬼臉）。」演員二也必須跟著台詞做出反應。

❹演戲的過程中，說書人可以按照情境選用音樂或聲響搭配。例如，台詞中生氣的時候可以敲桶子表示生氣、開心時放開心的歌曲……。

❺同一個劇本可以對調角色重複演。演完後，問問孩子當他聽到別人對他說這些不雅台詞時，他有什麼感覺？

❻接著一起改變劇本，爸媽引導孩子一同想想，如果想邀約其他小朋友一起玩，可以如何發出邀請呢？如果不想跟其他小朋友一起玩，又該怎麼拒絕呢？可以用什麼句子代替不雅的句子呢？

❼用改編好的劇本再玩一次說書人。遊戲結束後，再跟孩子聊聊換過台詞後，有沒有什麼不同的感覺呢？

TIPS

音樂及聲響的使用，可以增添故事的豐富性，如果可以使用的話當然是很棒，但如果家長認為操作太難太複雜，省略音樂也是可以的。

年齡

5~6 歲

Q8 孩子常和其他小朋友打鬧而誤傷同學，該如何改善呢？

兒子很活潑，他和幼兒園的其他小男生常有肢體衝撞和追跑遊戲，每次玩一玩就會吵架，甚至弄得一身傷。問孩子原因他也說不清楚，該怎麼詢問孩子或是改善呢？

每個孩子都有自己和外界的互動模式，當父母知道孩子在外比較活潑時，可以透過平常在家中的互動，帶領孩子一起討論與他人肢體碰觸的感覺，以及如何適當的表達心情感受。可以透過以下步驟試試看：

❶ 觀察並記錄孩子與他人的互動模式、玩遊戲時的常用模式，以及常出現的肢體行為。觀察孩子是否有看場合開啟話題的能力、想吸引他人注意時會用什麼樣的方式、遊戲時有哪些動作容易造成他人困擾等。

❷ 與孩子一起討論，與他人肢體碰觸時，力量大小、輕重、快慢不同會帶來哪些不同感覺。例如，

如果手被其他人用力拉住，會很不舒服；動作太粗魯，容易和他人吵架……。

❸ 爸媽也可以和孩子分享相關經驗，以增加孩子對於人際場合的經驗值。或是與孩子討論生活中可能發生的狀況，例如大家在玩警察抓小偷的遊戲時，同學用力拉扯我的衣服，我覺得不舒服時可以怎麼做？

❹ 可以透過閱讀繪本、角色扮演的遊戲，讓孩子體驗輕柔的肢體觸碰與合適的人際範圍，找出一個孩子最能接受、最為舒服的「美好距離」，鼓勵孩子也用這樣的距離與他人互動。

貼心提醒

遊戲時，許多孩子容易因為情緒與情感過於激烈而失去分寸，特別是動作大小與力道輕重的拿捏。此時，需要透過更多的模擬經驗與感覺輸入，協助他們將遊戲訣竅與技巧掌握得更好。

GAME 01 我是黏土大廚

時間：30分鐘

目的：
❶引導孩子觀察與體會不同材質的黏土特性，提升身體覺察力。
❷協助孩子體會力道的大小和成果之間的因果關係。
❸透過遊戲的互動設計，讓孩子練習傾聽他人的需求並自我調整。

材料：陶土（或選擇較硬的黏土）、輕黏土（或選擇較軟的黏土）、黏土工具（可有可無）、可用來裝黏土的碗或盤子

遊戲開始 START

❶選擇孩子較熟悉的媒材（硬或軟的黏土），或者依照孩子的力氣選擇黏土（力氣大的孩子從硬的黏土開始，力氣小的孩子先從軟的黏土開始）。

❷帶著孩子先練習基本的黏土捏塑技巧，如搓長長、搓圓圓、拍扁扁、壓扁扁等，確認孩子做得到再進行下一個步驟。

❸餐廳開張囉！由孩子擔任大廚，爸媽擔任客人。大廚必須用黏土做出客人點的菜。例如，客人點了一碗麵、一個蔥抓餅，廚師就要用黏土搓出長長的麵條和拍出一個扁扁的蔥抓餅，裝盤送到客人面前。

❹逐步增加難度。做蔥抓餅時，爸媽可以提醒餅要拍得更扁一點，再更扁一點，讓孩子依據爸媽的

提示調整動作。孩子表現好時隨時鼓勵，例如：「哇！你是一個會去注意到客人需求然後調整的老闆，真棒！」

❺ 孩子用一種黏土完成點單後，爸媽可以拿出第二種黏土。使用前，讓孩子觀察第二種黏土看起來、摸起來、捏起來、聞起來有什麼不一樣？

❻ 加上第二種黏土，這次客人可能會有更多要求，例如一杯咖啡色飲料（陶土）和一杯紅色飲料（輕黏土），此時孩子需要用不同力道和施力方式，創作外型一樣的成品。

❼ 陪伴孩子體驗不同黏土的特性，引導孩子將觀察說出來。比如：「咖啡色的是陶土，有土的味道，比較硬，需要比較大力才能捏形狀。」、「紅色的是輕黏土，很輕很軟，挖洞時不能太大力，否則會破掉。」和孩子一同創作，一起享用黏土大餐吧！

TIPS

軟硬度不同的黏土，在於讓孩子觀察體會捏塑不同黏土的力道，進而練習用不同的施力方式創作。若家中只有一種黏土，也可以引導孩子觀察不同力道和施力方式，會帶來什麼不同的結果。

進而引導孩子思考面對不同狀況時，哪些是合適的力道？例如拔河時和牽手時的力道是否不同？如果用同樣的力氣進行這兩件事，會有什麼後果？

GAME 02 搖擺打擊樂

時間＊20～30分鐘

目的＊❶透過身體打擊樂，發現身體的其他可能性，並且讓孩子更了解身體的界線。

❷藉由活動，讓孩子更同理他人的感受。

材料＊自己的身體就可以囉

遊戲開始 START

❶家長先用拍手的方式，拍打出一組簡單的節奏，例如「搭、搭、搭、搭」，家長打完節奏後，換孩子拍出跟家長一樣的節奏。

❷如果孩子能跟上，則可以由簡單的節奏慢慢進階。比方，從四拍變成八拍：「搭、搭搭、搭、搭、搭、搭、搭、搭」。家長也可以和孩子一起想一想，想加進什麼樣的節奏。

❸除了拍手，也可以拍打身體其他地方，例如大腿、肩膀、胸口、肚子等等，難度會越來越困難。

❹孩子需要專注記下每個節奏及動作，等待家長打完節奏之後重複一次。

❺接著，挑選一首孩子喜歡的歌曲，大家一起設計出一組節奏，跟著音樂一起拍打出設計好的節奏。

❻ 我們可以讓孩子拍拍自己，拍拍爸媽。當孩子拍拍爸媽時，爸媽可以告訴孩子什麼樣的力度或方式，爸爸媽媽會覺得舒服。相同的，我們也可以輕拍孩子，請他告訴我們，什麼樣的方式和力度是舒服的。

TIPS

先從簡單的節奏開始讓孩子模仿，讓孩子有多一點的節奏經驗之後，再讓孩子設計節奏，會讓孩子更有信心。

玩這個遊戲時，如果孩子對於被拍到的部位感到不舒服，可以藉此跟孩子說說每個人的身體界線，並且告訴孩子每個人對於「不舒服」的感覺是不同的，所以記得尊重他人喔。

年齡

5~6 歲

Q9

孩子的興趣愛好跟其他同性同學不太一樣，如何幫助孩子喜歡自己呢？

兒子很文靜，他喜歡玩扮家家酒，也想要當廚師。他念大班時只想跟女同學一起玩，並不想和男同學一起打球，我很擔心他會被排擠，我該怎麼引導他喜歡自己，並讓同學知道要彼此尊重呢？

前文提過很多次，孩子的天生氣質不同，所以成長階段中必然會因為不同的氣質經歷不同挫折。陪伴孩子經歷挫折，慢慢找到自己，會是父母很大的課題。

有些時候我們會因為自己的背景、喜好、觀點等等而去評價孩子的喜好，例如：男生要有男子氣概，不可以哭哭啼啼；女生就要端莊有氣質，講話不能大聲、懂得撒嬌。如果父母的想法依然遵循傳統框架，那孩子們的感受就很容易被忽略。

身為父母，我們可以思考一下：

❶ **傳統價值觀帶來的焦慮**：人們習慣在大多數人認同的觀點下生活，如果自己的想法跟大多數人一樣，心裡便感覺踏實自在。但如果自己的想法與大多數人相左時，很可能就會對自己或者對他人感到焦慮。

例如，當我們在群體裡看見與我們與眾不同的人，我們會先觀察看看是否有危險，再決定要不要跟他交談。這樣的焦慮是存在的，在尋找自己的過程中，孩子們一定會經歷自己給自己帶來的焦慮，也會經歷別人投射的眼光。

❷ **每個人都不一樣**：與眾不同在群體裡被突顯是很容易的，陪伴孩子從被突顯而得到的經驗，慢慢去思考、去感受哪些是真實的自己，這過程很漫長、很困難是肯定的，但經由這些反覆經歷與思考，父母能夠陪著孩子們慢慢尋找出自己的路。

貼心提醒

除此之外，將「尊重每一個人的不同」這樣的概念交給孩子，也是讓孩子在未來長出更強壯內在的重要元素。

因此，給予孩子一個強而有力的後盾，讓孩子知道，這個「家」是他能自由探索自己的地方，也是一個他能自在生活的地方，相信孩子們在父母的陪伴下，能夠更愛自己也能夠尊重別人。

GAME 01 興趣大拼盤

時間＊50分鐘

目的＊
❶透過圖片尋找，讓孩子能對他有興趣的事物多加觀察及思考。
❷經由家長的引導與陪伴，引導孩子思考自身與他人的連結。
❸透過遊戲，讓孩子體會到興趣是一種過程，它可以被精進、被新增，也可能被調整。

材料＊雜誌、廣告ＤＭ、黑色粉彩紙（其他顏色也可以，但黑色效果較好）、剪刀、膠水

遊戲開始 START

❶爸媽邀請孩子一起瀏覽雜誌和廣告ＤＭ內的圖片，聊聊彼此有興趣的圖片。比如媽媽喜歡衣服、爸爸喜歡電視、孩子喜歡蛋糕（若孩子想當廚師，也可以找找廚房用具的圖片）。

❷邀請孩子將有興趣的圖片剪下來，鼓勵孩子盡量挑選不同類型的圖片。將剪下的圖片先收於一旁。

❸孩子挑選圖片的同時，爸媽可以和孩子討論他挑選的圖片有什麼意

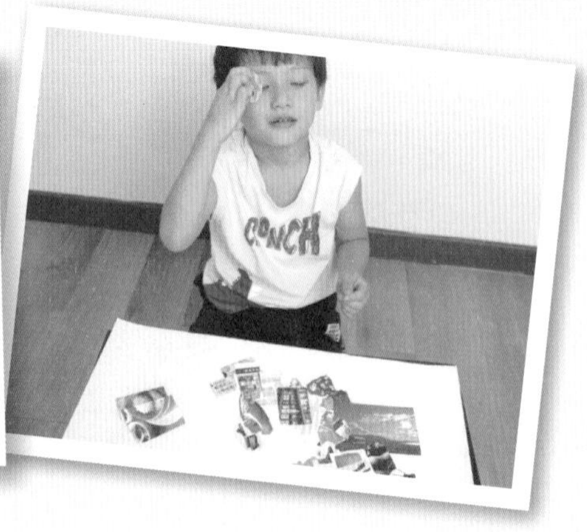

義嗎？例如挑選蛋糕，是因為喜歡吃蛋糕？還是未來想當甜點師傅？還是……？

❹ 詢問孩子知道誰和他一樣喜歡這張圖片嗎？或者可以猜猜看誰可能會喜歡這張圖片？若剛好是爸媽也喜歡的東西，可以和孩子分享為什麼你喜歡？理由可能和孩子一樣，也可能不一樣。

❺ 請孩子挑選出至少五張感興趣的圖片，越多越好。挑選完後，請孩子從中選出最喜歡的一張，用膠水貼在黑色粉彩紙的正中央，並於其他空白處貼上其他喜歡的圖片。

❻ 若圖片很多無法全部貼上，可以請孩子篩選，這次貼不上去的圖片先用一個資料夾收起來。若圖片較少，貼不滿也沒有關係，可以讓孩子知道未來隨時都可以增加。

❼ 興趣大拼盤完成之後，爸媽陪伴孩子一同欣賞，最後再請孩子決定要將作品擺放在哪裡。讓孩子知道每個人的作品都不一樣，而這個作品未來隨時都可以新增和改變。

GAME
02
屬於我的音樂專輯

時間 ✻ 60分鐘

目的 ✻ ❶讓孩子觀察自己喜歡的人、事、物，尋找出屬於自己的風格。

❷讓孩子理解，無論任何人，任何喜好都是值得被尊重的。

❸經由討論探索，讓孩子完成心目中屬於自己的專輯，包含音樂、封面等，都是自己的作品。

材料 ✻ 各種ＤＭ、報章雜誌、膠水、色筆

遊戲開始 START

❶讓孩子在網路上聽聽不同的音樂類型及風格，無論是兒歌、流行歌、老歌、古典音樂、輕音樂，任何音樂類型都可以。

❷讓孩子從各種不同的音樂類型中，找出自己喜歡的歌曲，並且記錄下來。

❸選音樂時，可以問問孩子為什麼喜歡這首歌曲？另外那一種的不喜歡嗎？為什麼不喜歡？這首歌曲聽起來像什麼啊？這首歌的歌詞喜歡嗎？為什麼喜歡歌詞？歌詞裡面有講到什麼是你喜歡的

嗎？等等。

例如，選〈學貓叫〉這首歌，是因為喜歡貓咪嗎？覺得貓咪可愛嗎？會想養一隻貓咪在家裡嗎？各種問題都可以慢慢跟孩子聊。

❹ 第一輪可以先選出很多首歌曲，最後將最喜歡的十首歌曲放入專輯內。

❺ 延續前一個活動，可以跟孩子聊聊在報章雜誌或ＤＭ上看到的圖片，哪些圖片適合作為這張專輯的封面呀？專輯想要叫什麼名字呢？

❻ 最後使用這些媒材，可以用剪貼或畫圖的方式，完成屬於自己的音樂專輯。

TIPS

遊戲時，家長盡可能讓孩子分享各種原因，也盡可能讓孩子探索自己到底喜不喜歡這些東西？或是發現了其他更喜歡的東西？協助孩子拓展更多可能。

除此之外，也讓孩子理解，不管是什麼樣的音樂都會有人喜歡，就算孩子不喜歡，但爸爸媽媽可能喜歡，反之亦然。讓孩子從中感受及學習尊重別人的喜好。

年齡

5~6 歲

Q10

小孩在班上有了喜歡的對象，怎麼辦？

小孩念大班時有了喜歡的對象，但是對方似乎沒有感覺，孩子的心情因此有點受到影響（傷心、失落），我該怎樣幫助孩子對人際交往有更多的認識呢？

大部分的孩子，在三歲前後會開始享受同儕的陪伴，也開始會對異性好奇，隨著孩子長大，交朋友這件事對他們來說越來越重要。

除了陪伴及鼓勵孩子練習人際互動技巧外，引導學齡前的孩子學習彼此的異同與尊重，照顧孩子的情緒，能讓孩子在學習接受與克服挫折的過程更順利。

❶ **檢視孩子的交友能力：**可以先觀察孩子在家庭以外的交友模式，是屬於主動、被動，或其他特定模式？例如，孩子是用邀請他人遊戲，或是跟隨他人遊戲的方式交朋友？又是如何和他人維持關係的呢？

透過觀察孩子的交友模式，家長可以檢視孩子做得很棒的地方，給予鼓勵，也可以鼓勵孩子增加不一樣的交友策略與模式。比如，孩子會主動去認識新朋友，但新朋友卻因為這樣主動的行為而退縮，此時可以鼓勵孩子改變策略，先跟隨對方的遊戲或在一旁玩類似的遊戲，慢慢讓對方注意到自己再加入。

❷ **與孩子討論交朋友的話題**：不論是同性或異性朋友，鼓勵爸媽以開放的態度和孩子聊聊交朋友的話題。目的是讓孩子感受到爸媽的關心，讓孩子覺得爸媽也在乎自己在乎的東西，也就是自己的人際關係。

有些家長可能不知道怎麼和孩子聊這個話題，除了繪本共讀，也可以思考看看自己都是怎麼和朋友聊這個話題的？抱持好奇心，和孩子聊聊他們喜歡的對象吧。比方，對方是什麼樣子的人、孩子喜歡對方哪裡等，也能適時讓孩子跳離被拒絕的負面情緒喔！

❸ **照顧孩子的情緒**：最終我們還是要回到現實面，對方可能就是對孩子沒興趣，這時千萬不要和孩子說：「我們找別的朋友就好了。」這聽起來就像遇到了難搞的客戶，而老闆對我們說：「那你想別的辦法啊！」一樣缺乏同理且拒人於千里之外。

孩子被拒絕後需要的是同理，只有被充分同理了，他們才有辦法準備學習接受與克服挫折。所以爸媽可以讓孩子知道你看到他的難過，陪伴他們哀悼這段關係、陪伴他們發洩憤怒的情緒，讓孩子知道有這些情緒都是正常的，待情緒過後，我們會成長，繼續走下去。

遊戲帶領

GAME 01

小小漫畫家

時間 ✻ 40分鐘

目的 ✻ ❶帶領孩子認識自己，包含自己的特質、身邊的同儕、生活點滴，讓孩子留心觀察身邊的人事物。

❷讓父母練習勿過度干涉孩子的自我表達，以平常心看待，陪同孩子一起體驗成長的各種滋味。

材料 ✻ 筆記本、繪圖用品

遊戲開始 START

❶爸媽和孩子在自己的筆記本上創作，並約定好創作規則：①不謀改變他人創作，②不隨意批評與指正，③漫畫接龍時，要徵詢原創作的意見，④要以開放、平靜的心情進行創作。

❷一開始，題目可以設定為「畫我自己」或是「畫某一種心情狀態」。

❸每個人都先畫下自己的第一格漫畫，接下來交換筆記本，進入漫畫接龍階段。由第二人依據第一格漫畫接續畫下第二格，第三人畫第三格……以此類推。格數可以由爸媽與孩子一起討論要畫多少格。

❹接龍完成後，各自拿回自己的筆記本，輪流分享。

❺當彼此參與創作的比例增加，彼此討論與徵詢意見的程度也就要逐步增加。

TIPS

隨著孩子年齡增長，對於自我的觀察與優缺點的展現，也更需要以客觀和開放的態度來對待。面對孩子擁有感情與交朋友的需求時，爸媽可以用朋友的角度給予建議，參與孩子的生活與內心，也可以和孩子分享自身的經驗：「我之前也有這樣，但是我做了什麼事……」，給孩子更多想法，陪同孩子成長與面對，會讓親子關係更上一層樓。

GAME 02

來一場化妝舞會

時間＊50分鐘

目的＊❶讓孩子放鬆心情，也給爸媽陪伴孩子討論交友話題的機會。

❷透過討論與角色扮演，陪伴孩子演練交朋友的過程與練習被拒絕。

材料＊紙模面具（一般文具店或美術社可買到，或者可以自己用厚紙板做簡易版）、水彩、水彩筆、筆洗、蠟筆、裝飾品（貼紙、水鑽、毛線等）、剪刀、保麗龍膠

遊戲開始 START

❶爸媽和孩子創作自己的面具。孩子可以用他喜歡的顏色、畫筆隨意創作，有困難時爸媽可以引導。從臉上比較具體的部位開始畫，例如眉毛、眼鏡、皮膚的顏色等（先畫眉毛和眼鏡時可以使用蠟筆，之後用水彩畫皮膚時，顏色才不會混在一起）。

❷創作時，可以和孩子聊聊他喜歡的同學長什麼樣子，如長頭髮、戴眼鏡等。如果孩子回答不出來或不想回答也沒關係，只要邊創作邊留意孩子的狀態就好，孩子有時只是需要多一點時間消化問題，準備好了就會和你分享。

❸面具畫好後用吹風機吹乾，再幫面具加上裝飾和頭髮（毛線、剪刀、保麗龍膠）。

❹放些孩子喜歡的音樂，牽著孩子的手跳舞。暖身完畢，戴著面具和孩子角色扮演。爸媽可以扮演孩子喜歡的同學，請孩子試試看邀請你一起玩、一起跳舞、一起唱歌。若孩子不好意思開口，可以請他用比手畫腳的方式表達，爸媽也可以先示範怎麼說，例如：「我可以跟你一起跳舞嗎？」

❺爸媽扮演的同學回答：「好」，接著和孩子跳一首曲子。

❻重複幾次後，爸媽可能會出現其他回答，例如：「我現在沒空耶！」、「我不想」，並看看孩子的反應。若孩子愣住了，可以在一旁幫忙說出他的心情：「啊，沒想到會被拒絕，好難過啊，怎麼辦？」鼓勵孩子想辦法，給予孩子時間思考，最後再協助。

❼多練習幾次，直到孩子能夠回應對方的拒絕。也可以鼓勵孩子用不同方法應對，例如，接受對方的拒絕後離開，詢問對方拒絕的原因，告訴對方自己晚點再來，或者先去找其他朋友玩等等。

❽最後拿下面具，聊聊遊戲時的想法和感覺，爸媽可以和孩子分享，很多事情不見得總是按照我們的希望走，也可以和孩子分享你在扮演同學時的感覺。

TIPS

若孩子戴面具會不自在，爸媽也可以請孩子把面具拿在手上，或是放在看得到的地方就好。

PART 3 公共場合篇

面對孩子的情緒問題和突如其來的脫稿演出，爸媽在家有一個安心的空間與時間處理，但出門在外，孩子的情緒說來就來，常令爸媽一時之間束手無策，怎麼辦？透過遊戲經驗的模擬練習與孩子建立行為默契，親子雙方都能更加輕鬆！

年齡

3~4 歲

Q1

孩子一看到玩具就想買，不買就一哭二鬧三尖叫，怎麼辦？

我很害怕帶小孩去百貨公司或大賣場，他一看到玩具就會想買、想拿，若是拒絕，孩子就會暴走大哭影響其他人；但若是妥協，又怕孩子養成壞習慣，該怎麼辦呢？

這類問題一定困擾著大部分父母，一方面希望孩子可以擁有正確的表達方式，另一方面礙於在公共場合，有些處理方式是無法使用的，所以常常是開心出門，掃興回家。要如何為孩子建立正確的價值觀與表達方式，我們可以這樣試試看：

❶ **建立遊戲規則**：先建立孩子對於獎勵／獎賞的觀念與原則，也就是確立「買玩具」與「得到玩具」的遊戲規則。

讓孩子知道在什麼情況下可以買玩具，可能是有好表現的時候？或是特殊節日，家長「有限度的」購買？讓孩子了解獲得玩具是有原因的，而非理所當然想要就可以得到。

❷ **提前告知**：提前告訴孩子今天出門／去賣場的目的，是因為要購買日常用品，還是因為其他原因？事先與孩子約法三章，如果有大哭買玩具的情況，爸媽會如何處理，例如，如果大哭大鬧就必須直接回家等。

❸ **玩具清單**：帶孩子一起整理家裡的玩具，列出一份玩具清單，讓孩子知道自己已經擁有哪些玩具。用這份清單和孩子建立添購新玩具的默契，例如哪些情況下才會買玩具？如果有機會，他想要再補充哪些玩具？補充新玩具後，舊玩具怎麼處理等等。

和孩子共同討論擁有新玩具的幾項方法，①有好的表現，②用零用錢買，③累積好寶寶印章換取玩具的機會等等。讓孩子了解，需要透過各種規則或是特定時間才可以擁有新玩具。

❹ **親子小默契**：和孩子預約下一次逛街的小確幸，大人偶爾也會有購物慾望，和寶貝約定在特定時間一起享受一下，也是一件很好的親子活動。

衝動練習小技巧

❶ 數到十練習：訓練孩子控制衝動。請孩子在想伸手拿取玩具前，先由一數到十，數到十後才能碰觸想要的東西。

❷ 孩子學會後，可以在家裡模擬情境，讓孩子知道在哪些情境下需要由一數到十。

❸ 當孩子模擬情境都做得很好了，爸媽可以和孩子預告在家之外的哪些地方、什麼狀況會需要使用這個技巧。

這樣的練習可以從幾歲開始？從兩歲就可以開始慢慢練習！因為兩歲孩子的認知能力越來越好，這也就是兩歲常常會成為孩子行為分水嶺的原因。

GAME 01 願望樹苗

時間＊20～30分鐘

目的＊❶藉由樹苗長大的過程，訓練孩子練習等待。
❷讓孩子依據約定好的事情，學習遵守規則。

材料＊全開或半開壁報紙、彩色筆、點點貼紙

遊戲開始 START

❶陪孩子一起訂出他的願望清單，選擇一項想實現的願望作為目標。

❷在壁報紙上畫出樹苗長大的流程圖：小樹苗、樹苗長大、樹葉變多、長出果實的流程。畫畫時，和孩子說明樹木長大都是有階段、需要時間的。

讓孩子決定這棵樹最後會結出什麼果實（蘋果、葡萄、橘子等等），將孩子想要的果實畫在大樹上，作為努力目標。

❸樹苗長大的每個階段都需要集滿一定的點數，才能進到下一階段。例如，小樹苗階段要三個點數（點點貼紙）才能完成，樹苗長大需要五個點數（點點貼紙）才能完成。以此類推，與孩子一起討論各個階段需要集滿的點數為何？

家長可以依據希望孩子等待的時間、完成任務的多寡來決定點數。但要避免孩子因為難度太高而放棄遊戲，造成更多的情緒困擾。

❹ 如何才能獲得點數？這部分可以跟孩子一起列出需要完成的任務或是表現，並且經過孩子同意，讓他們了解以自己的能力可以完成多少點數。

❺ 每次孩子完成任務時、達成願望果實時請給予鼓勵，讓他們知道等待與努力可以獲得回饋，獎勵不會憑空掉下來，哭鬧也不能獲得想要的物品。

TIPS

隨著年齡增加，孩子對於自身的責任與義務也需要隨之建立，透過兌換制度的小遊戲，可以讓孩子知道付出是有代價的，同時對於價值與需求的管理更有目標，也更負責。

遊戲過程中是否要有扣抵點數的系統，需要依據實際狀況決定。一般來說，第一次進行活動時不建議使用，可以等待孩子習慣這樣的兌換制度之後，再加入因為表現不良或未完成任務的扣抵制度。

GAME 02

全家人的購物清單

時間 ✻ 40分鐘

目的 ✻ ❶透過有趣的剪紙遊戲，提升小肌肉靈活度。❷透過討論的過程，讓孩子感受到被接納，並且學習去同理他人。

材料 ✻ 超商廣告單、剪刀、骰子、約巴掌大的容器（當作遊戲中的購物籃）

遊戲開始 START

❶ 和孩子一同瀏覽廣告單，一邊為廣告單裡的物品分類，例如，哪些屬於生活必需品？哪些可以當作禮物？哪些可以當成晚餐？

❷ 討論時，一邊剪下各種類型的圖片，特別是討論度高的圖片，像是孩子最近一直吵著要買的「艾莎的裙子」。

❸ 蒐集約二十張圖片，將所有圖片攤開放在桌上，選一個人當採買者，另一個人當任務指派者。

❹ 任務指派者骰骰子決定今天要買的物品數量，假如骰到

三，就告訴採買者要買三樣東西，由採買者從桌上挑選三樣物品放進購物籃。

❺ 遊戲可以有多種變化：①指派任務者可以要求三樣物品裡面至少要有一項______（例如衛生紙、可以當正餐的食物、送給妹妹的生日禮物），其他項由採買者決定；②任務指派者可以要求採買者根據不同家人的需求採買物品；③用不同的顏色點點貼來標示物品的價位，例如，貴的貼紅色、中等價位貼黃色、便宜的貼綠色，任務指派者可以要求採買者只買便宜的回來。

❻ 角色交換，當爸媽擔任採買者時，可以示範採買物品的考量原因，例如家裡沒有衛生紙了、同樣類型的東西買有綠色點點貼紙的比較省錢等等。

❼ 遊戲結束後，和孩子討論剛剛遊戲過程中的想法，例如想買玩具，但是不符合採買的需求規定而沒有辦法買的時候，怎麼辦等等。

TIPS

平時外出採買前，爸媽也可以讓孩子參與採買前的討論，例如寫下購物清單，請孩子幫忙記得要買的物品，或者讓孩子負責挑選幾項要買的物品，讓孩子在外出購物上更有參與感，也能培養責任感！

年齡

3~4 歲

Q2

孩子在公共場合說話太大聲又太「直接」，怎麼辦？

孩子常常說話太「直接」，有一次遇到一位駝背的老人家，孩子當著老人家的面前大聲問：「媽媽，那個人怎麼這樣？」又或者當面指正別人，超級尷尬。大人應該當下糾正他，還是裝作沒聽到呢？

三~四歲的孩子還處於自我中心的階段，衝動控制能力也不夠成熟，因此經常「有話就要馬上說出口」。但隨著年紀增長，孩子的社會化程度逐漸提高，開始會在意他人的眼光，以及去思考他人的感受。

先理解孩子為何會有這樣的行為之後，我們才能比較心平氣和地和孩子討論並處理，以下提供兩點給家長參考：

❶ **平時的同理心訓練：**雖然說三~四歲的孩子思考模式是以自我為中心，但這不代表他們就不需要學習同理。爸媽平時可以透過生活中的例子，與孩子進行「同理心的練習」。「引導孩子去體會他人的感受」聽起來好像既抽象又困難，其實最好的練習就是當孩子發生類似的體驗時，用他們

的經驗作為例子討論。

例如，當弟弟想要哥哥手上的玩具，卻沒有問過哥哥直接拿走玩具而讓哥哥生氣時，我們可以邀請弟弟回憶或想像，當其他人搶他玩具時，他有什麼感覺（建議先觀察孩子當下的情緒是否需要先處理，先處理情緒再進行引導）？

透過換位思考，引導孩子體會哥哥的感受，並且鼓勵孩子思考更好的做法。此外，也很建議爸媽平時可以藉由不同事件問問孩子的感受，也和孩子分享自己的感受，親身示範我們在乎他人的感受，也能讓孩子更富有同理心。

❷ **為彼此找台階下**：有時候，不論事前練習或是事後回顧，爸媽能做的都已經做了，但孩子還是會爆出驚人之語，我們只能告訴自己，在陪伴孩子成長的過程中這都是可能發生的事。

當孩子「語出驚人」時，與其後悔自責自己有什麼地方做得不夠好，不如當下為彼此找個台階下。這時「說點什麼」的目的，是為了要緩和當下的氣氛和保護孩子，家長可以用一般音量與溫和堅定的語氣和孩子說：「○○，如果是我聽到你這樣說，我一定會很難過／生氣，因此我不會喜歡聽到別人當著我的面說我的事。」

事後再和孩子討論剛剛發生的事，並且邀請孩子在同樣的情境裡練習換位思考。如果孩子難以同理對方的感受，家長也可以親自示範：「如果是我，聽到你這樣說，我會覺得……」，引導孩子思考有沒有更好的做法。

GAME 01 生活動動腦

時間 ✱ 40分鐘

目的 ✱ ❶ 藉由活動，讓家長更能試著同理孩子的情緒。
❷ 透過遊戲，協助孩子模擬下次事件發生的應對方式。

材料 ✱ 色紙、筆

遊戲開始 START

❶ 將色紙分三疊，第一疊寫下人物，例如媽媽、爺爺、爸爸、奶奶、姊姊、哥哥、同學等等。

❷ 第二疊寫下地方，爸媽可以跟孩子一起想想看有哪些地方，例如公車、教室、捷運、遊樂園、床上等等。

❸ 第三疊寫下事情，爸媽可以跟孩子一起討論，也可以加入一些特別想讓孩子了解的情境，例如大聲說話、亂丟垃圾、吃東西、跳繩等等。

❹ 接著將寫好的色紙折起來，同一類的放在同一處。讓孩子從第一類色紙中抽一張，再從第二、第三類各抽一張。

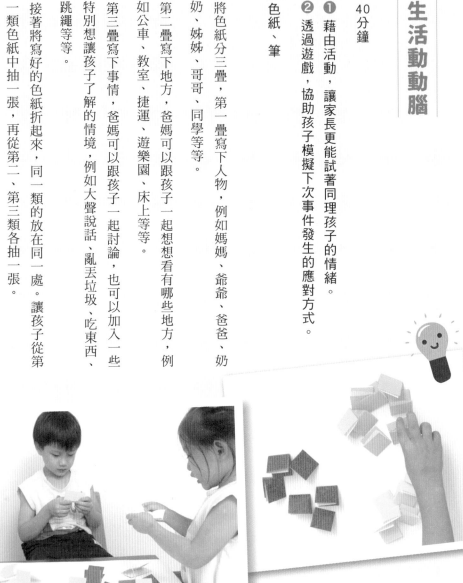

❺ 將三張人、事、物的色紙拼在一起，看看會出現什麼有趣的情境，例如奶奶在捷運上吃東西、哥哥在馬路上跳繩。

❻ 這時可以和孩子開放性討論，這些情境哪些合理、哪些不合理？如果遇到這樣的情境，我們可以怎麼說、怎麼做呢？讓孩子說說自己的想法，爸媽也說說自己的想法。

❼ 當孩子講出一些令人難過尷尬的話語時，爸媽可以跟孩子說：「如果我聽到你這樣說，我會覺得有點難過，你覺得還有沒有別的方法可以解決呢？」或者也可以跟孩子說：「如果是媽媽，可能會……。」告訴孩子比較適當的處理方式，讓孩子從中學習。

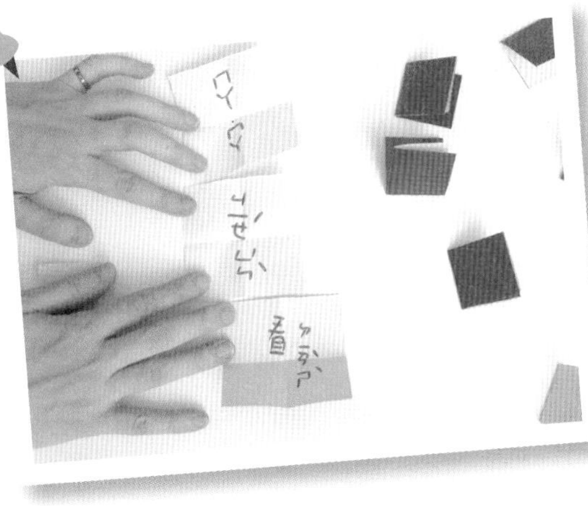

TIPS

遊戲時，可以多給孩子一些鼓勵，如果孩子說出來的話不適當，不用特別糾正孩子，但可以告訴孩子其他做法，或許別人會比較開心。

GAME 02

大人小孩遊戲王卡

時間 ※ 30分鐘

目的 ※ ❶透過遊戲，讓孩子知道不同場合可能會發生意料之外的事情，練習不同情境需要的表達能力。

❷透過模擬角色，鼓勵孩子體驗各種應對能力。

材料 ※ 彩色卡紙、彩色筆、厚紙板

遊戲開始 START

❶將公共場合中，會讓爸媽困擾的情境以及孩子的行為整理出來。

❷與孩子一同製作角色卡、情境卡、任務卡。

※**角色卡**：包含成人、小孩、動物或是虛構的怪獸等，將角色一一寫在紙卡上，也可以用畫的。

※**情境卡**：這部分家長需要先引導，讓孩子了解「情境」的意義。例如，如果情境是百貨公司時，有哪些需要遵守的規則？像是小狗需要在寵物籠裡、不能大聲喧嘩亂跑等，為情境設立規則。當然，也可以出現虛構情境，例如，阿拉丁動畫裡的皇宮。

※**任務卡**：和孩子一起討論有哪些任務會讓人感到開心、生氣、緊張、擔心、興奮等。像是玩具

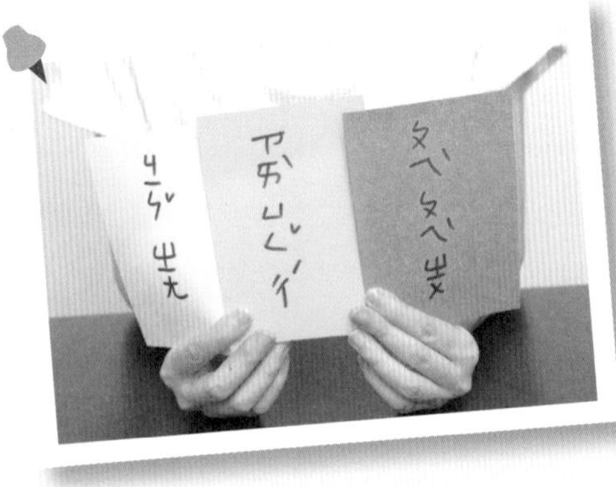

被破壞時會生氣、吃到冰淇淋時會開心等。將這些情境寫下來，也可以備註表情變化。當然，任務也可以很簡單，例如，學飛機飛上天跑三圈、假裝自己是小娃娃在大哭。

❸ 遊戲開始，一人先抽出角色、情境和任務卡，其餘參與者各抽一張角色卡。第一輪爸爸抽到警察、公園、突然下大雨三張卡片；媽媽抽到學生，孩子抽到老師。這時三個人要一起在「突然下大雨的公園」裡演出各自的反應。警察可能會請孩子跟老師涼亭躲雨，並安慰哭泣害怕的學生，老師可能會……。

❹ 最後由媽媽和小孩為爸爸評分是否過關，過關即可得分，記錄在厚紙板記分板上。

❺ 角色扮演時，爸媽也可以將孩子平常失控的樣子演出來，讓孩子想想該如何解決；不一定只能依據任務卡遊戲，也可以有即興的演出和考題。當孩子有不錯的解決策略時必須立即鼓勵，並期待孩子可以在實際場景中有所表現。

TIPS

在公共場合中，爸媽也許因為一些顧忌而無法立即處理孩子的不適切行為，但可以記住情境和孩子的行為放入遊戲中，讓孩子有機會感受家長的心情，鼓勵孩子自我體驗和產生解決技巧。

年齡

2~3 歲

Q3

孩子出門在外動不動就哭鬧，怎麼辦？

兩歲半的孩子在外有時會莫名大哭大鬧，抱起來安撫也沒用，這樣的情況常發生在轉換環境，像是捷運轉車、離開餐廳時，即使事前跟孩子預告也沒用，怎麼辦呢？

這個年齡層的孩子有時像個小大人，但一急起來也可能無法好好表達自己的想法。因此家長會反應孩子平時很好溝通，但有時會莫名其妙「亂哭」。外出時若遇到這樣的狀況難免手足無措，但孩子真的是在「亂哭」嗎？

❶ **仔細觀察，找到原因：**想想看嬰兒時期，baby 因為無法口說，所以凡事都用哭的表示，還記得當初是怎麼樣處理的嗎？不外乎檢查尿布、是不是肚子餓、有沒有發燒等等。

其實不論孩子幾歲，都還是會有搞不清楚或說不清楚自己究竟怎麼了的時刻，若家長能多同理，陪伴孩子找到不舒服的原因，建立更多安全感，未來遇到類似情況時，孩子也較能穩定下來。

觀察孩子莫名哭鬧時，是否有固定的「人事時地物」：跟某位家人出門時哭鬧頻率比較高？差不多都是中午左右？通常是在捷運上，或是前往某地的途中？找到規律性，將有助於找到哭鬧的原因。

❷ **安撫物及注意力轉移**：孩子在外莫名哭鬧時，家長一定又焦急又擔心引來側目，建議事先幫孩子準備讓他有安全感的安撫物，如奶嘴、安撫巾、小被被等。

若是安撫物效果不夠，我們需要協助孩子將注意力轉移到一個相對安靜且穩定的地方。比如在捷運站時，人聲是吵雜繁忙的，我們可以將孩子帶到最前後的月台，或是一個人少的地方，從吵雜的環境轉移到安靜的環境，再用溫和穩定的聲音安撫孩子的感受，告訴他，你知道他不舒服（同理）；當孩子的情緒逐漸穩定時，可以讓他轉移注意力，例如看看隧道，讓他猜猜列車何時進站等（轉移注意力）。

❸ **預告及演練**：若能知道會讓孩子哭鬧的幾個情境，家長平時就可以透過遊戲演練，演出在外可能會遇到的狀況。也可以在實際出門前預告接下來可能會去的地方，和可能會發生的事情。

❹ **重新建立成功經驗**：利用一些有趣的小遊戲，協助孩子重新建立快樂的連結，以取代不舒服的連結。

像是在可能會讓孩子不舒服的情境發生前，先陪孩子玩他喜歡的遊戲。有了成功經驗之後（如轉移情境沒有哭鬧），家長可以讓孩子知道你注意到他的進步，如此孩子也將會更有自信。

GAME 01 變色的水果

時間 ✻ 20分鐘

目的 ✻ ❶ 透過簡單的步驟，讓孩子練習透過視覺化的提示轉移注意力。
❷ 透過視覺化的遊戲，協助孩子建立平靜與舒服的連結。

材料 ✻ 畫紙（水彩紙較佳、圖畫紙亦可）、蠟筆、水彩、水彩筆、透明水杯

遊戲開始 START

❶ 遊戲前的準備：與孩子共讀時，邀請孩子多觀察繪本中的顏色。比方說故事時可以強調黃色的香蕉、紅色的椅子，為之後的遊戲先暖身。

❷ 爸媽先用蠟筆在紙上畫出一種孩子熟悉的水果輪廓，如蘋果。

❸ 接著問孩子：「這是什麼？」孩子回答：「蘋果。」

❹ 爸媽接著問：「蘋果是什麼顏色？」請孩子用水彩或蠟筆幫蘋果塗上顏色。

❺ 爸媽在紙上畫出好多個蘋果的輪廓，邀請孩子一起塗上不同的顏色。

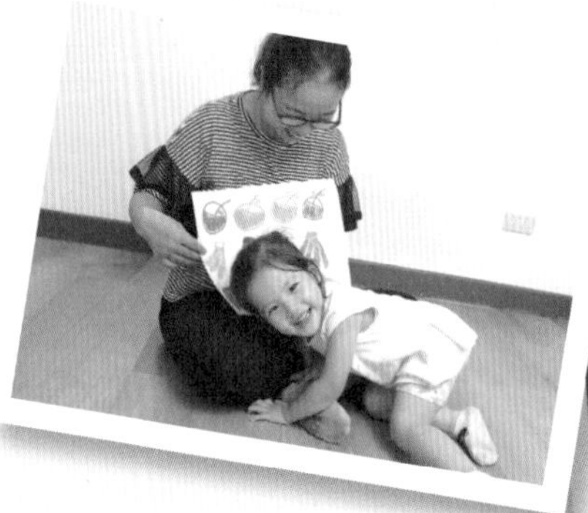

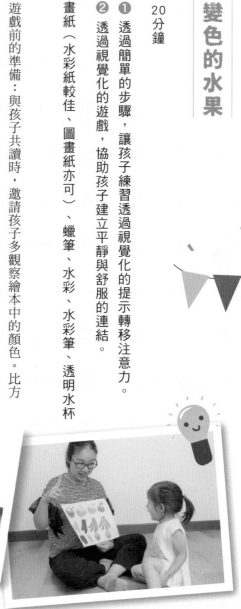

❻ 用唸謠的方式，指著畫紙上的圖案，反覆的詢問和邀請孩子回答，例如：「這是什麼？」，「蘋果」，「紅色的蘋果」／「這是什麼？」，「蘋果」，「黃色的蘋果」／「這是什麼？」，「蘋果」，「綠色的蘋果」。

❼ 換種水果再玩一次，或者多種水果一起玩，例如：「這是什麼？」，「蘋果」，「紅色的蘋果」／「這是什麼？」，「香蕉」，「藍色的香蕉」／「這是什麼？」，「葡萄」，「黑色的葡萄」。

TIPS

唸謠部分爸媽可以發揮自己的創意，用自己喜歡的方式來玩，疊字、押韻、重複，只要好念好玩就可以，重點是要幫助孩子建立這種遊戲方式很輕鬆的連結。未來當孩子需要轉移注意力的時候，就可以利用這樣的方式陪伴，例如「看看捷運，白色的捷運，黑色的隧道，灰色的鐵軌。」遊戲時可搭配透明水杯，利用洗水彩筆的時刻，陪伴孩子一起觀察杯中的顏色變化，通常孩子都會很享受看到顏色變化的過程，將整個遊戲改為在杯中進行也很棒喔！

GAME 02

沙鈴沙沙沙

時間 ＊ 30分鐘

目的 ＊ ❶ 一起製作樂器，讓孩子得到成功且愉快的經驗。
❷ 藉由共同創作熟悉的樂器，協助孩子在不安的狀況下找到安全感。

材料 ＊ 空寶特瓶或養樂多罐、彩色紙、色筆、貼紙、剪刀、膠水、緞帶、綠豆或紅豆、米

遊戲開始 START

❶ 選擇乾淨的寶特瓶，並在外觀上用不同的媒材，跟孩子一起創作裝飾。

❷ 如果孩子不知道要怎麼裝飾瓶子，家長可以先裝飾一個作為示範，另一個寶特瓶跟孩子一起發揮創意。

❸ 裝飾好之後，將紅豆、綠豆以及米放進去瓶中，並且封好。

❹ 選擇一首孩子平常喜歡聽的歌曲，邊唱邊跟孩子一起用製作好的沙鈴搖一搖。

❺ 這個小樂器可以隨身帶出門，如果覺得大的寶特瓶太大，可以選擇小一點的寶特瓶，也可以用養樂多罐代替，那就會更方便攜帶，孩子也會更容易抓取。

❻ 外出時，爸爸媽媽可以將路上看到的東西用孩子熟悉的旋律改編成歌詞，跟孩子一起互動。

❼ 除此之外，當孩子哭泣時，我們也可以用沙鈴在孩子的四面八方搖一搖，可以選在孩子們哭聲中斷時搖一搖，讓孩子找找聲音在哪裡，轉移孩子的注意力，再接續用沙鈴跟孩子做其他的活動，例如唱歌、用沙鈴滾身體等等。

❽ 如此，也能讓孩子在不安的過程中慢慢穩定下來。

TIPS

孩子哭鬧的原因百百種，不管是什麼活動都只能暫時轉移注意力減緩哭泣，最重要的還是要找出原因，再好好同理孩子。透過遊戲，可以讓孩子知道當自己不開心的時候，有不同的方式可以調節自己的心情。

年齡

3~4歲、5~6歲

Q4

當其他孩子靠近爭玩時，小孩只會退縮或不知道如何反應，怎麼辦？

孩子個性溫和，去公園玩遇到其他小孩插隊或搶在他前面溜滑梯時，他都不知道怎麼辦，如果被其他孩子推擠或欺負，也是一副無所適從的樣子，大人該怎麼幫助他呢？

這裡再次強調，每一個孩子都有自己的個性，如果家裡有兩個孩子的爸媽就會發現，就算家裡的教養方式相同，兩個孩子的發展仍然不可能一模一樣。

當然，這當中包含了孩子的天生性格，以及外在條件並不盡然完全相同的關係，所以我們可能會看到有些孩子能明確表達自己的意見，有些孩子則相對比較不懂得表達，又或者有些孩子對於某些事情表現得較無所謂，這都是每一個孩子不同特質的展現。

當然，孩子在人際互動和解決問題經驗不足時，也會有無所適從的可能。當孩子遇到這些狀況時，我們可以怎麼協助孩子呢？

❶ **主動或被動**：我們可以教孩子如何主動表達。例如，孩子排隊時不小心被插隊了，我們可以教孩子主動告知插隊者「請排隊」；但如果孩子對於這樣的處理方式感到不舒服，我們也可以從主動調整到被動，就讓別人先排沒關係。

❷ **表達自己的感受**：如果孩子遇到有人推擠他或碰觸到他的身體，讓他不舒服時，可以教孩子怎麼跟別人說「請不要推我」，並且表達出自己不喜歡。當然告訴家長及老師也是方法之一。

貼心提醒

雖然孩子的個性不同，但該學會的解決方式依然需要教予他們。

當孩子表達出自己喜歡或想要的解決方式時，我們可以視情況而定尊重孩子的想法，適時讓孩子選擇自己喜歡的方式應對。

遊戲帶領

GAME 01

我有話要說

時間＊20分鐘

目的＊❶透過遊戲，讓孩子跟著肢體動作把想說的事情說出來。❷讓孩子體驗不同的互動模式累積經驗，進而類化到生活中。

材料＊樂器（家中若沒有鼓可以用水桶倒過來代替）、鼓棒或筷子、情境照片（便利商店等付錢、坐車排隊、溜滑梯排隊、一起玩遊戲等的生活情境）

遊戲開始 START

❶將準備好的情境圖片拿出來和孩子一起討論，看看圖片中發生了什麼事。

❷在圖片的情境中，有沒有可能遇到孩子不喜歡的狀況呢？例如，有人插隊、有人搶走玩具、有人把自己的東西弄壞、有人因為玩遊戲太開心碰撞到孩子等等。

❸問問孩子發生這些狀況時，他心裡會有什麼感覺？例如，被插隊了有什麼感覺，開不開心？生不生氣？被碰撞時

又有什麼感覺呢？

❹ 問問孩子這時候會想說什麼？大聲說，還是小聲說呢？還是沒有要說任何話，但可以敲敲樂器呢？

❺ 接著家長可以先示範，說出心中的感覺，例如：「我被插隊了很生氣，所以我想要很大聲的說：不可以插隊！」這時候可以跟孩子一起邊敲樂器，一邊把情緒喊出來。

❻ 如果孩子選擇只敲樂器不說話也可以，樂器只是一個媒介，讓孩子與身體更有連結，更能感受到自己生氣的樣子。

❼ 接著家長可以給孩子一個更適當的示範，例如：「如果是媽媽，可能會溫柔的說請排隊，因為如果像剛剛那麼大聲，媽媽可能會嚇到。」或者好好的跟對方說：「你撞到我了，我不喜歡。」這時候搭配的樂聲可以是正常的音量或者稍微小聲一點的音量，讓孩子們感受一下。

TIPS

家長不用害怕孩子玩遊戲時很大力或很生氣，我們可以在安全的環境下讓孩子安全的表達。運用這樣的方式，讓孩子慢慢體驗用更適當的方式與其他孩子互動。

GAME 02

玩具總動員

時間＊30分鐘

目的＊❶在遊戲過程中，培養孩子的創造力和想像力。

❷透過遊戲逐漸建立孩子接受他人、共同合作／分享的遊戲模式。

材料＊彩色卡紙、圖畫紙、彩色筆、手機（拍照用）

遊戲開始 START

❶帶領孩子整理家中所有玩具，並且將玩具分類（樂高積木類、交通工具類、娃娃類等）。整理時，可以詢問孩子每一項玩具應該如何歸類，例如，火柴玩具車要放入樂高積木遊戲類別，還是交通工具類別？

❷**製作分類卡片：**將家中有的玩具類別畫／寫在彩色卡紙上。爸媽和孩子一起完成，也可以家長完成大部分，孩子補上不足的部分。

❸**製作數量卡片：**依據玩具分類的總數製作數字卡片。

4. 遊戲開始，爸媽其中一人示範。先抽出一張分類卡，再抽出一張數字卡。例如，媽媽抽到的分類卡是積木，數字卡是四，則媽媽可以決定要拿出四個積木類玩具進行遊戲，或是一種積木、一種車子、兩種球類玩具搭配（總和為四）。

5. 媽媽自己保留一種以上的玩具，其他玩具指派給他人，大家用玩具進行故事接龍。例如，媽媽保留積木，就要用積木進行故事接龍，於是媽媽蓋出一座積木城堡說：「從前有一座美麗的城堡，城堡主人想邀請朋友來城堡進行聖誕派對……」媽媽指定下一個接龍的人，下一個人必須將手中的玩具放入故事情節裡：「城堡主人朋友很多，只好派出火柴車（被指定的玩具）去接人……」以此類推，每個人運用手中的玩具接成一個完整故事。

6. 結束遊戲後，指導故事的媽媽可以進行回饋，鼓勵孩子讓遊戲變得更有趣，大家一起玩比一個人遊戲更好玩。後續再由其他人輪流主導遊戲。

TIPS

二人以上的團體遊戲模式，是需要透過經驗和互動習慣逐漸建立的。因此，在家中協助孩子建立多人遊戲的習慣，也會成為孩子未來與他人互動的重要基礎。

年齡

3~4歲、5~6歲

Q5

捷運上沒位子，但孩子就是不斷吵著想坐下，怎麼辦？

捷運上一個空位也沒有，但孩子一直想坐下，旁邊一位奶奶起身讓座，孩子還真的一屁股坐了下來，看著需要座位的奶奶，我心中五味雜陳，若想藉此給孩子來個機會教育，該怎麼做呢？

如何累積各種不同的生活經驗，相信也是每一個孩子在成長路上的人生課題，我們可以將案例中的情境細分為以下方向：

❶ **理解博愛座的使用規則**：首先讓孩子了解博愛座的優先使用對象有哪些人，並且也讓孩子知道如何判斷誰是需要者？

❷ **共同討論與角色扮演**：和孩子討論如果他是那位老奶奶，他會想要讓坐給小朋友嗎？換言之，如果他是其他乘客，他會讓座給小朋友或是老奶奶嗎？為什麼？

爸媽必須維持客觀立場，尊重／理解孩子的選擇，並且用引導的方式讓孩子知道，如果換做爸媽，我們可能會選擇靠著欄杆休息就好，因為……。

❸ **彼此分享自身經驗：**陪同孩子分享彼此的經驗，藉此鼓勵孩子多觀察並且累積屬於自己的經驗值。當孩子分享時，爸媽維持聆聽者與分享者的角色，盡量不要給予過多的批評。

貼心提醒

生活中總是充斥著許多狀況題與小驚喜，請爸媽忍住當下湧現的情緒，維持冷靜和孩子共同學習與成長，不僅可以讓孩子擁有更多面向的經驗值，更可以維持穩定與開闊的親子關係，這也是身為父母所需要共同學習的。

GAME 01

我的氣象局

時間 ※ 40分鐘

目的 ※ ❶ 透過遊戲，帶領孩子針對自己的耐力、體力做出具體的評估與評分。❷ 鼓勵孩子能夠自我檢視自身的感受、體力，並且適當表達。

材料 ※ 天氣（自然現象）圖片、西卡紙、彩色筆、雙面膠、透明膠帶

遊戲開始 START

❶ 利用網路搜尋、報章雜誌剪下來，或是自己繪畫各種天氣、自然景觀的圖片，像是火山爆發、颱風、彩虹、下大雨、大草原，美麗湖水等。

❷ 將所有圖片貼在／畫在西卡紙上。和孩子一起討論，這些天氣景觀代表什麼樣的感覺和感受。例如，火山爆發代表自己情緒不好，身體也很疲累了。

❸ 在每一張貼好的圖片旁畫上溫度計格子，從0分到10分。並在格子上貼透明膠帶，方便重複使用。

❹ 由家長示範分享。先找出一張符合今天心情的圖片，分享為什麼選擇這張圖片、今天發生了什麼事、這張圖片給自己的感受為何？例如，爸爸選擇颱風的圖片。因為爸爸今天必須要趕完所有公文，忙到沒時間吃中餐，所以特別餓又特別累，很像颱風來臨。分數已經到了8分，就快要發脾氣了（在溫度格8分的地方塗上爸爸想要的顏色）。

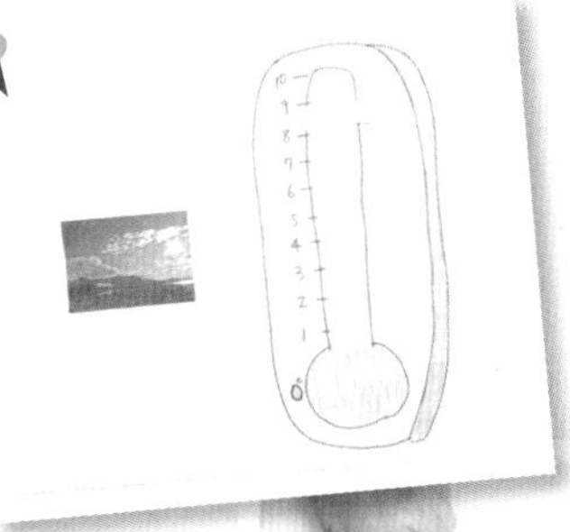

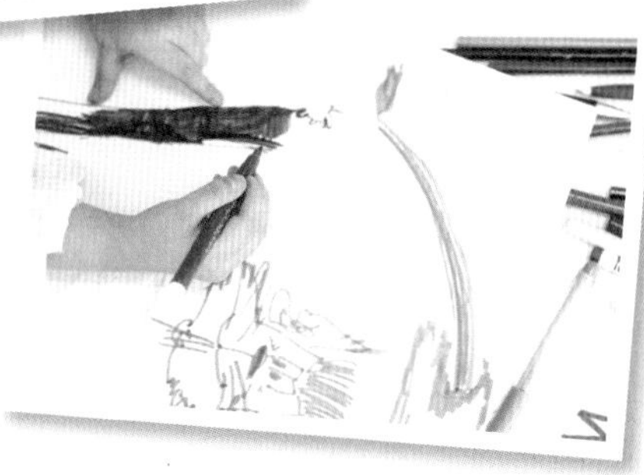

❺ 接下來，換其他人選擇圖片並分享。

❻ 每個人分享完時，其他人可以給予回饋。例如，媽媽可以建議爸爸在工作完成一個階段後，先去填飽肚子；或是一邊吃一邊趕工。然後媽媽選擇彩虹的圖片給爸爸，希望爸爸身心都可以舒服一點。

❼ 透過遊戲了解彼此的生活點滴和情緒起伏，爸媽也可以透過具體數字和圖片了解孩子的「防禦指數」及「忍耐限度」，讓孩子學習更多的解決策略。

TIPS

與孩子一起出門時，難免會遇到各種突發狀況，此時父母可以透過平日遊戲的了解和模式，讓孩子說說他觀察到目前的狀況是什麼？是否有符合自己需求的解決方案？培養孩子忍耐力與解決問題的能力，將會幫助他們在各種場合學會理解自己，並且嘗試找到對策。

GAME 02

小小偵探出動囉！

時間 ✻ 30分鐘

目的 ✻ ❶ 用遊戲的方式，培養孩子的觀察能力。
❷ 透過家長的陪伴與討論，培養孩子站在他人角度去思考的能力。
❸ 透過遊戲設計與家長的引導，訓練孩子邏輯思考與問題解決的能力。

材料 ✻ 無

遊戲開始 START

❶ 爸媽可以先和孩子說明：「我們要玩一個小偵探的遊戲，考驗你的觀察力。」然後帶孩子到戶外空間，例如公園或騎樓。

❷ 專心觀察公園裡或者路上的行人，隨機挑選一位當作觀察對象，請孩子試著描述這個人的外觀和正在做的事情，例如：女生、長頭髮、戴眼鏡、正在講電話。

❸ 接著請小偵探（孩子）根據線索來推理看看：①她是不是自己一個人？②她正在跟誰講電話？③她準備要去哪裡？④她現在心情怎麼樣？⑤其他＿＿＿＿。

❹ 輪流擔任小偵探，爸媽可以向孩子示範自己是如何推理的，也問問孩子他們為什麼會這樣猜？

⑤ 接下來，找找看公園或者路上的行人有沒有人似乎遇到問題的？例如，低頭看似在找東西的、愁眉苦臉的。請小偵探猜猜看他們怎麼了？為什麼會這樣猜？如果是你，你會怎麼辦？

⑥ 在遊戲的過程當中，爸媽別忘了隨時給予孩子具體的鼓勵，例如：「哇，你有注意到她好像遇到困難了，看得很仔細喔！」、「你會試著去想想看可以嘗試解決的方法，很棒喔！」等。

TIPS

遊戲時，如果孩子真的發現需要幫忙的人，爸媽也可以判斷一下現場狀況，鼓勵孩子伸出援手，事後再與孩子討論。

上述的遊戲方式也同樣適用於繪本與影片，爸媽可以隨時停下正在讀的繪本或影片，請孩子觀察書中或影片中人物的表情與反應，試著去猜想他們的狀況。

年齡

0~2 歲

Q6

陪孩子練習過分享和遵守規則，但一外出，他就做不到了，怎麼辦？

每次帶兩歲小孩出去都是一個大挑戰，在家教過他要和大家分享玩具，也教過他要先詢問其他小朋友才能拿走玩具、要遵守遊戲規則，可是一到外面完全變樣，該怎麼辦呢？

通常會先邀請爸媽思考，孩子的行為表現是否與年紀、能力相符，再來引導孩子解決問題。

❶ **認知能力與遊戲方式**：兩歲的孩子仍處在自我中心的階段，認為自己是最重要的，需求也必須馬上被滿足。兩歲之前的孩子，遊戲方式多是平行遊戲，也就是自己玩自己的，或許偶爾會與他人出現互動遊戲的行為，但通常不會一直有來有往。三歲之後，孩子和他人的互動和遵守遊戲規則的行為才會比較穩定。

因此，當孩子對某個玩具有興趣時，他們通常不會停下來思考能不能拿或其他人的感受，而是會直接行動。所以在外出現類似情形時，家長如果能知道孩子不是故意調皮搗蛋，或許更能平和處理孩子的行為。當孩子以哭鬧方式希望達到目的時，建議家長用溫和堅定的態度告訴孩子：「我知道你想要玩那個玩具，很想要馬上拿到，爸爸／媽媽會陪你一起排隊／等待。」表我們不能協助孩子做些練習。

❷ **預告和演練：**雖然兩歲的孩子有其發展限制，他們很難控制衝動和不願意分享，但那並不代表我們不能協助孩子做些練習。

若上述搶奪玩具的狀況頻繁發生，爸媽可以先和孩子進行「預告」，也就是讓孩子知道待會要出門，以及出門後可能會發生的狀況。比如，爸媽可以說：「等一下到親子館會有很多玩具，很多人和你一樣喜歡車車，如果你想玩的車車在其他小朋友手上，爸爸／媽媽可以陪你一起排隊等待，或者是我們去玩另外一台沒有人在玩的車車。」與孩子溝通時，盡量用「我們可以怎麼做」取代「你不要／不可以怎麼做」。

貼心提醒

平時在家也可以多和孩子在自然情境下（一起玩的時候）模擬及「演練」。當他們想要我們手上的玩具時可以怎麼做？可以向對方表達自己的想法、邀請對方一起遊戲、排隊等待，或是選擇其他玩具等很多方法，當孩子做到時立即給予鼓勵。

GAME 01

火車嘟嘟來排隊

時間 30分鐘

目的
❶透過遊戲，協助孩子學習等待和分享的概念。
❷透過聽覺指令的聆聽練習，訓練孩子的聽覺注意力。
❸透過視覺化的提示，讓孩子體會到排隊等待是怎麼一回事，對於即將發生的事情能夠有預期而放心。

材料 各色色紙、玩具人偶（比色紙小的娃娃或積木人物）

遊戲開始 START

❶將五張不同顏色的色紙攤開排成一橫排，像火車車廂一節連著一節。
❷將五個玩具人偶分別對應每張色紙，放在色紙的下方。
❸爸媽給予指令：「火車嘟嘟，準備進站囉~嘟，嘟，嘟，火車停下來了，車廂的門打開了（可以搭配閘門打開的姿勢幫助孩子理解），乘客請上車。」接著示範拿著一個人偶走走走，站上色紙，剩下的四個人偶讓孩子自己完成。
❹乘客通通上車之後，可以和孩子一起唱〈火車快飛〉（搭配動作更有趣），當歌曲唱完，再給予指令：「火車嘟嘟，準備進站囉~嘟，嘟，嘟，火車停下來了，車廂的門打開了（可以搭配閘門

打開的姿勢幫助孩子理解），乘客請下車。」將人偶從色紙中間拿出來。

❺ 接下來可以增加車廂和人物的數量，但數量不一定要完全對應，可以有六個車廂，但是有八位乘客，所以多出來的兩位乘客可能需要等候有人下車了才能夠上車（練習等待），也可以兩個人搭一個車廂（學習分享）。

❻ 已經能夠分辨顏色的孩子，爸媽還可以增加顏色的指令，例如：「請小熊搭上黃色的車廂，姊姊搭上藍色的車廂，爸爸請搭下一班車。」爸媽可以依照孩子的反應逐步調整難度。

TIPS

遊戲時，如果孩子自己想到了車廂和人物數量不等的解決辦法（如等待或分享），爸媽應及時鼓勵：「哇！你知道可以等待／哇！你學會了分享。」如果孩子沒有想到解決的辦法，爸媽也可以示範給孩子看。

GAME 02

音樂轉轉盤

時間 ✻ 30～40分鐘

目的 ✻ ❶ 藉由轉盤遊戲，讓孩子在有趣的狀態下學習等待及輪流的概念。

❷ 透過共同完成遊戲板，讓孩子可以更有參與感，讓孩子感覺自己掌握某部分的決定權。

材料 ✻ 播放音樂的媒材（手機、音響、電腦等等）、厚紙板、色筆、原子筆

遊戲開始 START

❶ 將厚紙板剪成一個圓形，通過圓心將圓形平均分配成八等份。

❷ 跟孩子一起討論彼此喜歡哪些音樂、哪些歌曲？

❸ 將彼此喜歡的歌曲（音樂）寫進這八個空格中。一格寫上孩子喜歡的音樂，下一格寫媽媽喜歡的音樂，另一格寫爸爸喜歡的音樂，直到八格都寫滿為止。例如，第一格孩子喜歡的〈Baby Shark〉、第二格媽媽喜歡的（五月天的歌曲）等等，爸媽喜歡的音樂不一定要是孩子喜歡的音樂。

❹ 將一支原子筆放在圓中心轉動，當筆停下來時，筆尖指向哪裡，就可以播放這首歌曲。原子筆不固定的狀態下要轉動是有困難的，爸媽可以協助孩子轉動原子筆，或者讓爸媽轉也可以。

❺ 在每一次的遊戲過程中，孩子需要透過等待才能聽到自己喜歡的音樂。除此之外，也可以把轉盤上的項目改掉，改成孩子喜歡做的其他事情，例如，看影片一次、吃冰、和爸爸打電動等等的活動。

TIPS

在選擇轉盤中要放入哪些項目時，不需要將所有的空格都填上孩子喜歡的事物，家長也請填上自己的，藉此讓孩子練習等待。

年齡

3~4 歲

Q7

孩子在公共場合表達想法時總是吞吞吐吐、不太順暢，怎麼辦？

帶小孩到遊樂園玩，其他孩子可以自己堆積木，說出排了哪些東西、做了什麼物品，但是我家小孩每次堆積木都一樣，也說不出介紹詞，他會不會因此無法融入其他孩子呢？

每一個孩子都有自己習慣溝通表達的模式和特質，並不是所有孩子都可以在公共場合大方說出自己的想法和需求。家長除了觀察孩子的表達模式之外，也可以透過以下步驟做一些簡單練習：

❶ 確認孩子的語言發展是否符合年齡水準，可以參考社會局或衛生局的《兒童發展階段能力檢核》，也可以帶孩子到鄰近小兒科、家醫科請醫師做專業判斷，了解孩子的發展狀況。

❷ 父母可以帶領孩子進行表達自我需求或是特定主題的溝通練習。例如，當孩子想喝牛奶時，我們可以先讓孩子進行二選一（牛奶和果汁）的選擇，並且詢問孩子為什麼想喝牛奶不喝果汁？因為果汁酸酸的？還是你喜歡的果汁不是蘋果汁？下一次換成葡萄汁嗎？透過主題延伸，鼓勵孩子越說越多。

❸ 有機會外出購物或是在公共場合時，父母可以大方示範如何表達自己需求。例如：「因為昨天吃過烏龍麵了，今天想要換一個口味吃咖哩飯，你呢？」鼓勵孩子順應這樣的模式表達想法。把握一個原則，先讓孩子回應 yes or no，接下來再回應 why。

❹ 如果孩子玩遊戲的方式一直很固定，我們也可以像延伸說話主題的模式一樣，逐漸延伸／增加遊戲的豐富度。如果他喜歡把小汽車排成一直線，我們可以在直線的下方放上數字，當作不同號碼的停車格，當然停車格也可以圍成圓形，不一定是一直線的喔。

貼心提醒

觀察孩子的表達模式，在確定生理發展符合標準的情況下，透過遊戲延伸寶貝的語言表達與遊戲技巧，在沒有壓力和強迫的心理感受下，帶領孩子一起體驗遊戲與互動的樂趣。

GAME 01

小小飛行員

時間＊30分鐘

目的＊❶讓孩子練習記憶、觀察和歸納物品的能力。

❷在父母引導下完成完整的述說練習，與他人互動交流時，擁有更多語言經驗，讓表達更加流暢。

材料＊主題圖片（也可以用畫的，以孩子感興趣的主題為主）、半開壁報紙、彩色筆、彩色膠帶、色紙

遊戲開始 START

❶跟孩子一起收集各種圖片，雜誌或遊戲本上的圖片，也可以是自己畫的圖。圖片類型盡量分散，例如玩具圖、動物圖、交通工具圖、人物圖、植物圖、日常用品圖等。

❷在壁報紙上，由左到右，上到下畫出六條一樣長的橫線。畫好後，請孩子在這六條橫線中間隨意畫上直線。直線的數量和間距不一，讓孩子自己決定怎麼畫。

❸六條橫線由A排序到F，每一條橫線的左端為起點，右端為

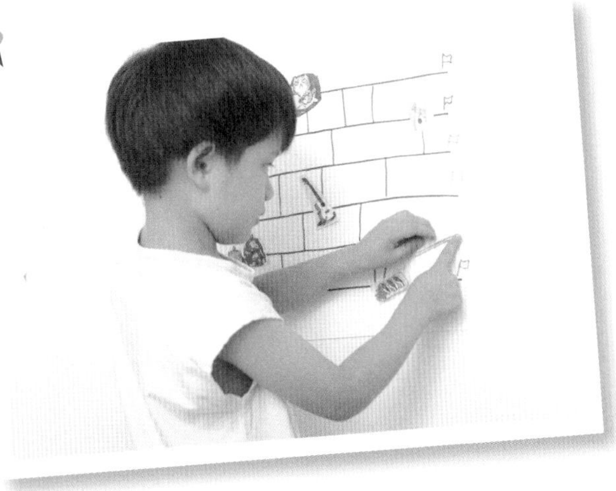

終點。並在橫線和直線的交接處，貼上不同圖片（並非每一個交接處都要貼圖片）。

❹ 用不同色紙摺出六台紙飛機，並讓孩子選擇喜歡的飛機和出發點。例如，孩子選擇黃色飛機在C點出發。

❺ 飛機出發後，每一條線都是飛機跑道，遇到橫直線交接處就必須轉彎，轉彎處若遇到圖片就必須記下圖片的內容（如果是第一次遊戲，孩子記不住可以把圖片撕下來收好）。

❻ 抵達終點，讓爸媽協助孩子用剛剛所有的圖片創造一個故事（完成故事後請將圖片貼回原位）。

TIPS

透過不同圖片編造故事的遊戲，鼓勵孩子發揮想像力，也可以在父母的示範和提示下，逐漸建立順暢表達的技巧，期待孩子在實際互動中擁有更多自信心。

GAME
02
貓抓老鼠說故事

時間 ✳ 50分鐘

目的 ✳ ❶ 透過繪畫及音樂，提升孩子的口語及非口語的表達能力。
❷ 藉由繪畫、撕紙或裁剪，提升孩子小肌肉能力。
❸ 利用活動，讓孩子對於藝術及音樂更有創意。

材料 ✳ 圖畫紙兩張、色筆、剪刀、膠水、音樂播放器

遊戲開始 START

❶ 拿出一張圖畫紙，爸媽和孩子一人選擇一個顏色的畫筆。

❷ 討論好誰先當貓咪，誰先當老鼠。當老鼠的人，先在圖畫紙上開始隨意畫出任何線條，並用手機設定畫畫的時間（十秒或二十秒），可以視紙張大小調配時間，時間到時停筆。

❸ 老鼠動筆三秒後輪到貓咪上場，貓咪要遵循老鼠畫出來的軌跡追著老鼠跑，當然，當老鼠的要盡量快速讓貓咪追不到，而貓咪則盡可能的去追到老鼠。

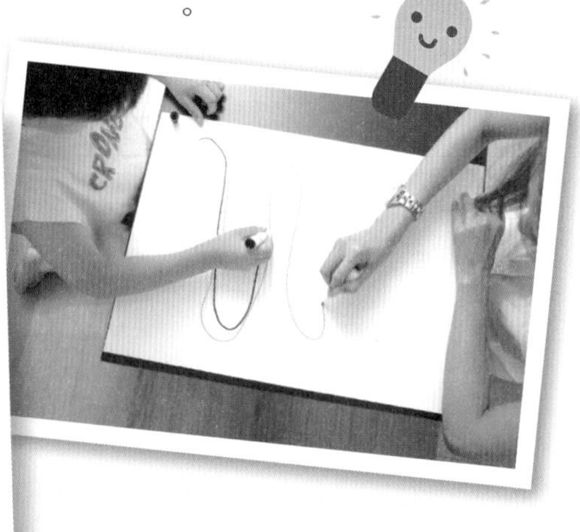

❹ 接著轉換角色，原本當貓咪的變成老鼠，原本是老鼠的變成貓咪。

❺ 畫完以後會發現圖畫紙上有很多很亂的線條，請家長跟孩子一起在這幅圖畫中找到至少三個圖案，並且用另外一個顏色的色筆將圖案描繪出來，例如，在線條中找到蝴蝶結、飛機、帽子、三角形等等，任何圖形都可以，只要是兩人都認同就沒有問題。

❻ 將這三個圖案剪下或撕下都可以，接著想想看如何將這三個圖案變成一個故事，並貼在另外一張圖畫紙上。可以用其他色筆補充，變成一幅新的作品。

❼ 完成作品後，就可以開始討論故事囉，在討論故事的過程中，可以將聲音和音樂的部分一起討論，想想看在故事的哪個部分要加些什麼聲音呢？或者這個故事好像可以搭配哪一首歌曲呢？

❽ 最後就可以做一個小小的呈現了，將故事的內容及音樂完整地呈現出來，跟其他家人一起欣賞。

TIPS

孩子可能會有很多創意的想法，不妨多聽聽孩子的想法是什麼，也可以說說自己的想法，看看這樣的討論能不能有更多火花，激起孩子史多的想像力。所以不用給太多評價，跟孩子自在的互相交流就可以！

年齡

5~6 歲

Q8

孩子是正義魔人怎麼辦？

孩子太過仗義執言，卻不會看場合和氣氛，除了常常讓大人嚇得膽顫心驚之外，也擔心正義感會讓他吃虧，怎麼辦呢？

仗義執言的孩子有時的確會讓一旁的大人陷入緊張或尷尬。或許孩子的觀念正確，但必須在「行為上／說法上」稍微做一些修正與調整，我們可以藉這個機會引導孩子。

❶ 可以先肯定孩子觀念正確、勇敢，富有正義感，並且讓他知道「爸媽有時候還不敢直接說出來呢！」當孩子問大人為什麼不敢說出來的時候，再切入主題。

當大人第一時間不是指責，而是先關心孩子時，通常能幫助孩子緩和情緒。情緒和緩後，後續的討論也會更順利。

❷ 讓孩子知道當下的情境和氣氛，有哪些地方是緊張的？也讓孩子知道大人的擔心與尷尬，藉

機提出問題和孩子討論：「或許我們可以換一種說法？」、「如果我們輕聲地跟那位先生說會比較好嗎？」等等。

❸ 必須讓孩子理解，社會上有一些特殊狀況。例如，在捷運上看到年輕人沒讓座給年老的長者時，他可能是因為哪些原因所以沒讓座呢？

❹ 帶領孩子換位思考，也就是訓練同理他人的能力，例如：「想想看，如果你是那位先生被其他小朋友這樣大聲說，心情會如何？」、「我們會不會也希望別人可以多關心理解我們呢？」等等。

❺ 在家中可以多一些角色扮演或是聯想題，鼓勵孩子多觀察、注意他人，往後若有臨時狀況時，是否可以先想一下後再表達？

社會化的過程中，孩子需要多元的社會經驗與情境累積，才能讓他們處理突發狀況時，多一些不同面向的思考。

貼心提醒

父母也可以透過新聞時事機會教育多和孩子聊聊，鼓勵孩子多方思考與評價，「如果是你，你會怎麼做？」、「如果換一個方法，會不會結果不一樣了？」成長過程中孩子會因為有我們的陪伴，更加懂事與溫暖。

GAME 01

探險九宮格

時間 ※ 40分鐘

目的 ※ ❶ 在遊戲中，讓孩子學習判斷是非對錯，以及生活中總會有「例外」出現。

❷ 透過不同的模擬情境，讓孩子對於生活中的各種狀況有更多討論與思考。

材料 ※ 海報紙、彩色筆、黏貼黏土

遊戲開始 START

❶ 製作狀況卡：和孩子一起討論各種場合具爭議的行為，並且將其畫／寫出來。例如，老爺爺因為吃藥的關係，所以在捷運上喝水；孩子打破杯子擔心被責罵，而將破掉的杯子藏起來……。

❷ 狀況卡完成後，將卡片依照情境分類，例如公共場合行為、家庭、學校等。

❸ 在海報紙上畫上井字遊戲的格子，也可以使用九宮格的方框代替。

❹ 遊戲開始，爸爸先示範。爸爸抽出第一張狀況卡將題目大聲念出，並回答自己覺得此行為是否正確。例如，小朋友在等綠燈過馬路時，突然有一隻小狗走向馬路，為了顧及安全，所以小朋友並

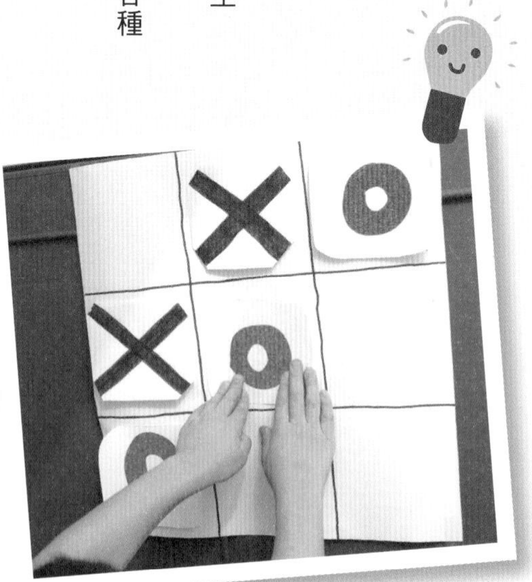

沒有去拉住小狗。而爸爸認為這樣行為是對的，因為衝過去拉住小狗可能會讓小朋友很危險。若其他人認為爸爸的答案沒錯，即可給爸爸圈圈卡。若其他人認為爸爸錯了，因為小狗很可憐，應該趁沒車趕快去拉住小狗，即可給爸爸叉叉卡。爸爸得到卡片後，自行決定這兩張卡片要放在九宮格中的哪一格裡。

❺ 接下來，爸爸繼續抽取三次任務，共要完成四個狀況題，擁有八張圈叉卡片。過程中隨時注意自己否可以連線。

❻ 最後剩下一個格子沒有卡片，爸爸可以自己決定要貼上圈圈還是叉叉，完成連線任務。

TIPS

藉著遊戲，爸媽可以了解孩子心中認定的規範與規則，並藉機為孩子說明規範之外總有例外，鼓勵孩子為他心中的那一把尺做出說明。

GAME 02

我和你不一樣

時間 ✳ 20分鐘

目的 ✳ ❶透過遊戲，培養孩子在開口之前先思考的習慣。

❷透過視覺化的遊戲引導，讓孩子體會到即使是同樣一句話，每個人都可能會有不同的理解。

❸鼓勵孩子不急著批判，而是帶著同理心去看待身旁的人事物。

材料 ✳ 圖畫紙、繪本或遊戲圖卡（方便取得即可）、彩色筆或色鉛筆

遊戲開始 START

❶爸媽先挑選畫面較不複雜的繪本或圖卡，隨機翻到一個畫面，但不要讓孩子看到。

❷用口語描述的方式形容給孩子聽，請孩子根據你的描述將畫面畫出來，例如，一個把手的杯子，杯子裡有一隻小雞。描述的過程中孩子只能畫，不能提問也不能說話，描述的人也不能提示他畫的對不對。

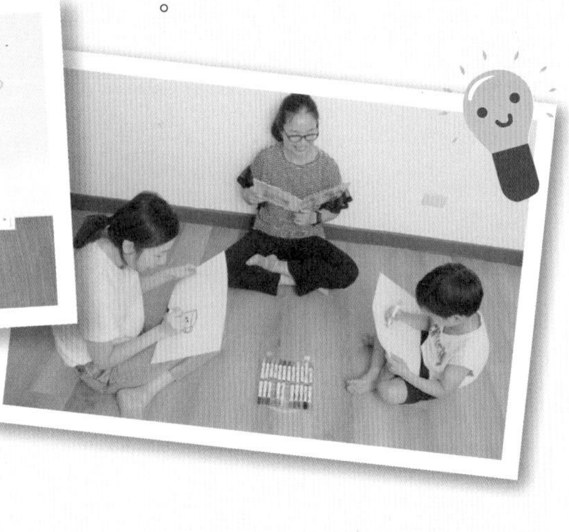

❸ 完成之後，將孩子的圖畫與圖片對照看看，有什麼一樣和不一樣的地方？和孩子討論畫畫時有什麼感覺或想法？會不會很想搞清楚爸爸到底在講什麼？會有點緊張嗎？那爸爸描述時又有什麼樣的想法呢？

❹ 角色交換，由孩子挑選畫面，爸爸或媽媽（或是一起）來畫。過程中只有描述的聲音，沒有提問或動作。畫完後，進行和步驟 ❸ 一樣的討論。

❺ 爸媽帶領最後的討論：

「因為你不是我，所以我說小雞的時候，你想到的小雞和我想到（看到）的小雞可能不一樣；同樣地，我也不是你，所以當你說＿＿＿＿的時候，我也看不到你腦袋中那個＿＿＿＿的樣子……」（可以多舉一些遊戲中出現的例子幫助孩子理解）。

「每個人對同一件事可能會有不一樣的想法，如果說話時可以先思考對方的感受，別人也能更容易理解我們想表達的，就像畫畫時爸爸發現你不知道是什麼樣的小雞，會多說明一點讓你明白一樣。」

TIPS

遊戲人數越多，效果越好，孩子才能看見和體會每個人都有不同想法。多人的遊戲方式為一個人描述，其他人同時畫在自己的紙上，最後再看看大家的畫面有什麼一樣和不一樣的地方，然後帶討論。

年齡
3~4 歲

Q9
孩子想交朋友，又不會看其他小朋友的臉色，怎麼辦？

孩子到公園玩，只要看到差不多年紀的小朋友就會衝去抱住對方，或是一直拿自己的玩具塞到對方手裡。孩子似乎看不懂其他人的表情和回應，大人該怎麼幫助他呢？

人們學習一件事情，都是靠經驗累積慢慢習得的，就像我們看到紅綠燈會知道綠燈行、紅燈停，這是因為習得之後刻印在腦海裡，直接做出判斷的結果。孩子們的社交能力也不例外，有時讓孩子經歷人際互動的挫折是必須的，但在這之前，我們能做的，便是讓孩子先在家裡練習過之後，再陪著孩子一起經歷。

❶**在家練習**：在家時，我們可以教孩子口頭練習如何邀請別人一起玩遊戲，例如：「我可以跟你一起玩嗎？」、「要不要一起玩車子？」等等，這些都是可以先和孩子角色扮演演練的。

❷**小團體練習**：在家中先與爸媽練習累積經驗，再經歷小團體、大團體中的嘗試，孩子才會慢

慢習得這項能力。

除此之外，也要讓孩子練習被拒絕。如同前文所說，這些挫折都是必經過程，當孩子被拒絕時，我們可以引導孩子去找其他孩子，看看其他孩子是否可以與他一起玩，或者是不是換一個遊戲，又或者沒有人跟我們玩的時候，自己玩可以嗎？上述這些，都可以在家裡先模擬過，讓孩子未來要跟其他人互動時更有經驗，不會杵在那不知道該如何是好。

③**輔助工具**：如果孩子對於表情的識別能力較弱，我們可以使用表情圖卡，或將孩子們在各種情境時的表情拍下，例如，開心玩玩具的樣子、不想收玩具的樣子、玩具壞掉傷心的樣子等等。

用這些照片跟孩子分享，詢問孩子是否知道這些圖片跟情緒的連結。雖然要用表情來辨別他人的情緒不簡單，但讓孩子多加練習，慢慢累積這些經驗，相信會越來越好。

GAME 01 聽聽看，猜猜看

時間 ✻ 30～40分鐘

目的 ✻ ❶藉由音樂輔助，讓孩子更理解臉部表情的情緒與圖片中的情境。
❷透過照片的視覺化及共同討論照片情境，讓孩子更能表達心裡的感受。

材料 ✻ 不同表情和情境的照片數張、不同情境的音樂（歡樂的、難過的、恐怖的、生氣的等等）

遊戲開始 START

❶ 跟孩子一起選擇音樂，請家長先找出一些情境音樂，像是家長覺得開心的音樂、難過的音樂、害怕的音樂等等，播放給孩子聽。與孩子討論看看他聽了這些音樂後的感覺。建議一種情緒可以選擇至少三種音樂，讓孩子選擇。

❷ 當跟孩子一起確認每種音樂的感覺之後，讓孩子配對看看，這些音樂的感覺會跟哪張表情照片最符合。

❸ 接下來給孩子不同的情境照片，讓孩子猜猜看這些情境中的主角可能有什麼感覺。例如，當你不想吃一個東西的時候，媽媽一直要你吃，你會不會不開心？當你的東西被搶走時，你會生氣還是開心？

❹ 透過這樣的方式讓孩子學著同理。

TIPS

音樂是主觀的，當孩子對音樂的感覺和爸媽不一樣的時候也沒有關係，只要孩子能將情緒的描述與照片連結對了，就可以給孩子一個勾勾，音樂則是協助孩子能夠更加深印象的媒介。

GAME 02

情緒臉孔，變變變

時間＊20分鐘

目的＊❶透過反覆撕紙的動作，訓練孩子的小肌肉。
❷透過有趣的遊戲設計，提供孩子學習觀察他人表情和感受的機會。
❸透過視覺化的創意練習，培養孩子覺察面部表情的細微變化。
❹透過反覆練習，提升孩子對情緒事件的敏感度，並學習如何回應。

材料＊色紙、圖畫紙、膠水、剪刀（非必要）

遊戲開始 START

❶讓孩子挑選兩張色紙，顏色不拘，爸媽示範並帶著孩子將色紙用手撕成條狀，有的粗有的細，撕好後置於一旁。

❷再讓孩子挑選兩張不同顏色的色紙，由爸媽示範並帶著孩子將色紙用手撕成各種塊狀，像是圓形、方形、三角形，形狀不需要很精確。撕好後置於一旁（無論步驟❶和❷撕出來的形狀為何，都不需要糾正孩子）。

❸ 從紙堆裡挑選出不同的紙條和紙塊，在圖畫紙上拼湊成臉孔，包含眉毛、眼睛、鼻子、嘴巴（建議第一次玩時先拼成笑臉，讓孩子較容易辨認）。

❹ 爸媽指著拼出來的臉孔問孩子：「這是什麼？是什麼表情？他怎麼了？」

❺ 孩子只要能夠回答得出來是開心、微笑、笑臉，就可以繼續；如果孩子回答是人，可以鼓勵孩子繼續回答：「喔～你有看出來是一個人，那他是什麼表情呢？」

❻ 接下來，邀請孩子同樣從紙堆中挑選紙條和紙塊拼成人臉，或者可以和爸媽接力完成，例如，爸媽排出眼睛，孩子排了鼻子直到完成。

❼ 爸媽猜猜看孩子拼了什麼表情，再請孩子公布答案。

❽ 重複步驟❸～❼，直到熟練，爸媽可以問問孩子：「你會做這個表情嗎？你看過誰有這樣的表情？那時候發生了什麼事情？後來怎麼樣了？」

TIPS

一般來說，建議先讓孩子用雙手撕紙開始玩，但也可以根據孩子的年紀和小肌肉的發展狀況，調整為使用剪刀來製作。但需要注意的是，撕紙對孩子來說更接近遊戲，他們可以比較放鬆的開始遊戲，剪紙則會讓孩子更在意自己剪得好不好、像不像，如果孩子撕紙和剪紙都無法做，也可以由爸媽製作，再請孩子拼貼。

年齡
3~4歲、5~6歲

Q10 孩子在外，總是因為無法等待而大吵大鬧，怎麼辦？

出門時總有各種狀況讓孩子不想等待，像是等捷運、等公車、等待點餐或等大人聊天。這時除了拿出手機放影片之外別無他法，但又擔心養成孩子壞習慣，怎麼辦？

對孩子來說，等待不是一件容易的事，所以當有這些狀況發生時，我們可以嘗試看看以下幾個方法：

❶ **讓等待不無聊**：孩子在外用餐不專心可能是因為等待太無聊了，如果孩子因此不吃飯，我們可以讓吃飯變得有趣，也讓孩子等待時比較不無聊，例如，讓孩子自己選擇想吃什麼、自己試著配菜、擺盤等，讓孩子覺得吃飯是件有趣的事。

除此之外，也可以告訴孩子，如果認真吃飯爸媽會給予獎勵。但千萬記得，獎勵是為了讓孩子習慣認真吃飯的過程，當孩子學會後，獎勵就可以漸漸減少，或以口頭獎勵取代。

也可以隨身帶著孩子喜歡的玩具或東西，當孩子在等待，父母又沒辦法花心思跟孩子互動時，可以讓孩子拿著玩。當然，如果是方便又不容易壞掉的物品最好。

② **一起互動**：在大人聊天時或許可以讓孩子「參一腳」，例如，聊到想去哪裡玩時，可以問問孩子有沒有去過？想不想去？也可以跟孩子說說為什麼想去這個地方玩。當孩子有參與感時，等待的時間也會過得比較快。

③ **孩子正在練習等待**：有些孩子動作比較快，沒辦法照著家長的時程走。如果是速度的關係，家長可以思考一下是否要讓孩子在家多練習「等待」呢？又或者是否要調整在外的行程，避免讓孩子等待太久而崩潰。

貼心提醒

當孩子們不能好好等待時，可以先觀察一下孩子不愛等待的原因是什麼，是因為太想現在得到了？太無聊？還是想要大人陪自己玩等等，再找出可以使用的對策。

家長如果吃飯、等待時猛盯著手機，那麼孩子會不耐煩、會想看手機也可想而知。所以爸爸媽媽或許放下手邊的事情和孩子一起好好吃飯、好好陪伴，也會讓孩子等待時更有耐心。

GAME 01 食材大變身

時間＊30分鐘

目的＊❶利用耳熟能詳的兒歌，搭配歌詞的情節擺盤，讓孩子發揮創造力，也讓用餐時間變得更有趣。
❷在遊戲中，讓孩子認識各種不同食物。

材料＊各種食材、盤子、碗

遊戲開始 START

❶選擇幾首孩子喜歡的兒歌，例如〈小星星〉、〈火車快飛〉等等。

❷吃飯前，可以先跟孩子介紹今天晚上的所有食物。告訴孩子有哪些食材，可以在網路上找到這些食物的原型給孩子看，讓孩子了解這些食物是誰變成的。

❸接著跟孩子一起把食物依照歌詞意象擺盤，例如孩子喜歡〈小星星〉，即可將食物在盤子中擺成星空的樣子，喜歡〈火車快飛〉就將食物擺成一台火車。

❹擺好之後，可以跟孩子一起唱完這首歌，作為開動歌曲。

❺就算在外用餐，也可以用這樣的方式讓吃飯變得比較不無聊。

TIPS

當孩子選擇了歌曲，例如〈小星星〉，但擺放出來的樣子不是爸爸媽媽心目中小星星的樣子時，也不用給孩子評價，只要是孩子心目中小星星的樣子就可以了！

我們也可以用黏土取代食物，在其他需要等待的場合與孩子互動。

GAME 02

誰是玩紙小作家！

時間＊30分鐘

目的＊❶利用簡單的材料配件，培養孩子發揮創意，創作出自己的繪本故事。

❷在公共場合中總會有需要等待的時候，因此，協助孩子建立與自己相處、在遊戲中發揮創意的能力，能為等待的時刻增添一些樂趣。

材料＊形狀貼紙、Ａ４紙張（或是筆記本）、色鉛筆（或有顏色的原子筆）

遊戲開始 START

❶帶領孩子一起製作簡易小書。將紙張對折再對折，之後將對折處底部撕開，但不要撕到底。

❷將各類形狀貼紙，隨意貼在小書的頁面上。另外，也可以在書頁畫上各種幾何圖形，並請孩子塗上顏色。

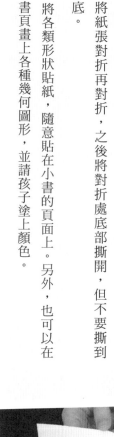

❸ 接下來，由家長示範第一頁，將頁面上畫好的幾何圖形加上其他線條，進而變成一個特定物品。例如，圓形可以變成太陽、長方形可以變成公車……。

❹ 讓孩子接著進行創意畫作。畫畫時，爸媽可以和孩子一起討論這些圖案怎麼變成一個故事。也就是，先創造出主角、地點、事件、行動和結果，再讓孩子進行故事延伸。

❺ 完成小書本創作之後，和孩子說說你們一起創作的故事。下一次的親子時光也可以依據這次的創作，再增添新的場景和角色，讓故事再度延伸。

TIPS

不同年齡階段的孩子，需要學習與自己相處、學習等待，若可以在平日親子互動中逐步建立孩子的靈活度與觀察力，再加上隨身攜帶的小配件／小文具，就可以讓出門在外變得更加歡樂與輕鬆。

PRINTEMPS 02

玩出情緒超能力：
0～6歲孩子的62個互動遊戲提案，為上學做好準備，建立孩子的安定、自信，好溝通！

作　　者　柯佩岑、林婉婷、廖珮岐
封面設計　謝捲子
版面構成　Wan-Yun Chen
排　　版　黃讌茹
攝　　影　羅倫
責任編輯　陳品潔
行銷業務　平蘆

出　　版　禾禾文化工作室
社　　長　鄭美連
發　　行　禾禾文化工作室
地　　址　台北市北投區中央南路二段28號5樓之一
電　　話　(02)228836670
Email　culturehoho@gmail.com
總 經 銷　大和書報圖書股份有限公司

印　　製　凱林印刷股份有限公司
初版一刷　2021年10月
定　　價　450元

國家圖書館出版品預行編目(CIP)資料

玩出情緒超能力 / 柯佩岑，林婉婷，廖珮岐著．-- 一版．
-- 臺北市：禾禾文化工作室，2021.10
面；　公分．-- (Printemps；2)
ISBN 978-986-06593-1-3(平裝)
1. 育兒 2. 親職教育 3. 兒童遊戲
428.8　　110016052